地震资料噪声压制技术

刘彦萍　聂鹏飞　著

中国石化出版社

图书在版编目(CIP)数据

地震资料噪声压制技术 / 刘彦萍，聂鹏飞著.
— 北京：中国石化出版社，2022.4
ISBN 978-7-5114-6597-9

Ⅰ.①地… Ⅱ.①刘… ②聂… Ⅲ.①地震勘探–噪
声控制 Ⅳ.①P631.4

中国版本图书馆 CIP 数据核字(2022)第 033124 号

中国石化出版社出版发行

地址:北京市东城区安定门外大街 58 号
邮编:100011 电话:(010)57512500
发行部电话:(010)57512575
http://www.sinopec-press.com
E-mail:press@sinopec.com
北京科信印刷有限公司印刷
全国各地新华书店经销

*

710×1000 毫米 16 开本 11.25 印张 176 千字
2022 年 5 月第 1 版 2022 年 5 月第 1 次印刷
定价:64.00 元

前　言

　　地震勘探是油气、矿藏资源开发的一种重要的物探方法。它利用人工方法(用炸药或非炸药震源)激发地震波，根据岩石的弹性来研究地震波在地层中的传播规律以查明地下地质构造。在地震勘探时，由于人为、环境、仪器等各种因素的影响，采集到的地震资料中包含大量的噪声。这些噪声与有关地下构造和岩性的信息互相交织在一起，对有用信息造成了不同程度的干扰。因此，这些资料不宜被直接用来做地质解释，需要对其进行数字处理，从中提取出有用信息然后再进行一系列的后续处理。地震勘探中的"三高"(高信噪比、高分辨率和高保真度)及"一准"(准确成像)资料处理手段对于有用信息的获取具有重要作用。地震信号降噪是地震资料数字处理的关键步骤之一。有效压制地震勘探资料中的噪声，提高地震资料的信噪比、分辨率和保真度对于地质构造的解释及油气、矿藏资源的开发具有重要意义。

　　本书是关于地震勘探资料中噪声压制技术的专著，主要研究随机噪声与面波的压制方法及应用。

　　目前已有很多行之有效的方法用来压制地震勘探随机噪声，维纳(Wiener)滤波是地震勘探随机噪声压制方面最早也是最经典的方法，但是它要求已知信号或噪声的相关函数或功率谱。实际上，这是很难满足的，因此维纳滤波的实际效果并不理想。同时，维纳-霍夫方程是一种不适定问题求解。为了解决维纳-霍夫方程的不适定性，经典的求解方法有频谱因式分解法和伯德-香农法(预白化法)。本书第2章讲述了一种对经典维纳滤波的改进方法应用于地震勘探随机噪声的压制，即引入了正则化的思想。因为正则化不但是不适定问题求解的普遍方

I

法，而且通过正则项可约束或修正由于相关函数或功率谱估计不准时的滤波响应，使其尽可能地接近维纳滤波的最优解。

时频域方法是近些年来被广泛应用的一类方法。本书中主要介绍了3种时频域滤波方法，它们是线调频小波（Chirplet）、经验模态分解（Empirical Mode Decomposition，EMD）和时频峰值滤波（Time-Frequency Peak Filtering，TFPF）方法。在众多的时频域方法中，TFPF方法表现得尤为突出。TFPF是一种非常有效的随机噪声压制方法，起初被应用于生物医学中新生儿脑电信号的增强方面。近年来，该方法已经被吉林大学现代信号处理实验室深入研究并应用于地震勘探随机噪声压制方面，取得了显著的效果。

本书第3章介绍了Chirplet变换对地震勘探信号进行恢复提取的原理及应用，EMD方法的原理及基于该方法的阈值滤波压制地震勘探随机噪声，以及TFPF方法的基本原理及其在地震勘探随机噪声压制中的应用。这3种滤波方法的效果都比较理想，但是各自也都存在一些问题。Chirplet变换其实是一种时间–频率–尺度变换，它是将待分析信号与核函数进行褶积，即通过参数化Chirp函数族与待分析信号的内积来获取有用信息。Chirplet原子共有4个参数，分别表示时间中心、频率中心、尺度和线性调频率，通过对这些参量的调节可以使待分析信号在时频域有较好的分辨率。该时频原子可以根据不同的需要进行旋转和拉伸，因此呈菱形出现。Chirplet变换的应用是将信号展开为Chirplet级数形式。基于Chirplet的自适应信号分解在于设计合适的Chirplet基函数对原信号进行逼近，应用自适应匹配追踪算法逐步递推分解，将信号展开为一系列Chirplet原子线性加权和的形式。Chirplet变换在核函数的选择上具有很大的灵活性，通过核函数的调整来提高时频分辨率，从而得到更准确的瞬时频率估计。

EMD方法是希尔伯特–黄变换（Hilbert Huang Transform，HHT）的一部分，是依据数据自身的时间尺度特征来进行信号分解，无须预先设定任何基函数。它能将复杂信号分解为有限个本征模函数（Intrinsic Mode Function，IMF），这些函数是按频率由高到低排列的，所分解出来的各IMF分量包含了原信号不同时间尺度的局部特征，也正是基于这一点，EMD 方法具有自适应性。地震勘探信号一般处于中低频，而随机噪声主要呈高频性质。在采用 EMD 方法分解所得的模态分量中，高频分量主要是噪声，中低频分量中主要是有效信号，但仍含有少部分噪声，此时，需采用能够有效分离信号和噪声的手段去除随机噪声。比较常用的处理手段为阈值方法，对需要进行滤波的模态分量进行阈值滤波，然后将处理后的分量与剩余分量相加即可得到去噪的信号。

TFPF 方法的实质是基于 Wigner-Ville 分布(Wigner-Ville Distribution, WVD) 以及它的加窗形式——伪 Wigner-Ville 分布(Pseudo Wigner-Ville Distribution，PWVD) 对调频信号进行瞬时频率估计。首先需要对原信号进行调频，得到其解析信号，然后做解析信号的 WVD 或 PWVD，最后在时频平面上进行峰值搜索，估计出解析信号的瞬时频率即可得到原信号中有效信号的波形。在多数情况下，该方法需采用 PWVD，因为实际信号大多为时间的非线性函数，采用加窗形式的 WVD，可对非线性信号进行局部线性化，减小滤波偏差。因此，在滤波方法的应用中需考虑窗长的选择问题，这便会使 TFPF 方法本身存在一对矛盾：长窗长能更有效地压制随机噪声，但是对其幅值损失很大；反之，短窗长对有效信号的幅值保持效果很好，但在随机噪声压制方面表现得有些能力不足。也就是说，窗长的选择对 TFPF 方法的限制较大，如果能在选择窗长方面具有灵活性，那么将会取得更好的滤波效果，因此滤波方案需在压制随机噪声和保持有效信号这两方面达到一个很好的权衡。

本书针对传统的 TFPF 方法在滤波方面存在的不足进行改进，提出了 4 种改进方案。第 4 章介绍了基于 EMD 的 TFPF 方法压制地震勘探随机噪声以及形态学滤波与 TFPF 的级联方法压制地震勘探随机噪声的原理及应用。采用 EMD 方法来辅助 TFPF 以取得在噪声压制和幅值保持方面的一个很好的权衡，具体方案为：利用 EMD 方法的分解特性，即它能够将原始含噪信号按照频率从高到低分解成一系列本征模态函数，这些模态都是组成原始信号的各个分量，然后通过计算各个模态间的互相关程度大小来判断需要进行滤波的模态，进而选择不同窗长的 TFPF 进行处理，最后将滤波后的模态和剩余模态相加得到最终的滤波信号。此方法为 TFPF 的窗长选择提供了很大的灵活性，能够对原信号中不同的频率分量有针对性地选择窗长，即对于噪声主导的模态分量选择长窗长进行滤波；反之，对于信号主导的模态分量选择短窗长进行滤波，对于纯信号模态不进行滤波，这样不但能够有效地压制随机噪声而且能够很好地保护有效信号的幅值。对模拟地震信号和实际地震数据的处理实验，取得了较为理想的效果，从而验证了该方法的优势。

数学形态学辅助 TFPF 的滤波方案也是出于对随机噪声和有效信号两方面的综合考虑。数学形态学的基本运算——膨胀、腐蚀以及开、闭组合可以有效保持信号形态，起初被应用于图像处理。第 4 章中的滤波方法是将形态滤波与 TFPF 级联起来对地震勘探信号进行处理。该方法提出的出发点是：TFPF 方法单次滤波的效果不够好，而其迭代方法虽然能更多地压制随机噪声，但对有效信号的损失也较多。如果借助短结构元素的数学形态学滤波对含噪信号进行预处理，可较好地捕捉到有效信号的大致形态，然后再利用短窗长的 TFPF 进行精细滤波，即平滑预滤波后的波形，就可得到幅度保持和噪声压制兼备的滤波效果。

第 5 章讲述了基于 Radon 变换的二维 TFPF 方法压制地震勘探随机噪声。将传统的一维 TFPF 方法发展为时空二维 TFPF 方法，这样对于更有效地压制地震勘探随机噪声，恢复有效同相轴以及减小滤波偏差方面具有很大的改善。我们所研究和处理的地震资料表现为时间和空间上的二维特性，那么选择符合其时空二维特性的滤波方法一定会取得较为理想的效果。本书所研究的时空二维 TFPF 方法是利用地震同相轴的横向相关性，借助 Radon 变换来实现时空域滤波。Radon 变换是一种沿着预先定义好的路径，如直线、抛物线或者双曲线等路径将原始数据进行叠加的方法。鉴于 Radon 变换能将原始地震记录中的同相轴识别出来，表现为在 Radon 域中同相轴被聚焦为不同位置的能量子波。这样其实是对各同相轴的走向起到一个表征作用，也就是为 TFPF 处理提供方向性，即达到我们想要沿着有效同相轴方向进行 TFPF 处理的目的。这种做法打破了传统 TFPF 方法沿着地震道滤波的局限，为地震勘探随机噪声的压制提供了新的途径。我们通过对模拟地震信号和实际地震资料进行实验，验证了该方法的实用性和有效性并将其适用性进行了推广，提出了局部时空二维 TFPF 方法。

第 6 章介绍了局部时空二维 TFPF 方法压制地震勘探随机噪声。局部方法比全局方法适用性更广，对于处理同相轴情况较为复杂的地震资料更加有效。全局 Radon 变换对于具有规则几何形状同相轴的地震资料是非常适用的，但是对于含有不规则几何形状的同相轴或者是相交在一起的、其倾斜或弯曲程度差异很大的同相轴的地震资料，全局 Radon 变换已显得能力不足了，需要采用局部方法来跟踪同相轴的特征变化趋势。局部 Radon 变换其实是全局 Radon 变换加时空窗的形式。加时空窗后的 Radon 变换使得局部区域内的同相轴情况简单化，便于采用简单的叠加路径进行计算。我们先采用局部 Radon 变换对原始地震记录中的同相轴进行跟踪识别，然后在局部 Radon 域内进行 TFPF 处理。这种方法是对基于 Radon 变换的时空二维 TFPF 方法的进一步推广，增加了其在地震勘探随机噪声压制方面的普适性和灵活性，为处理较复杂的地震资料提供了新的途径。

规则噪声在时间上的出现具有规律性，有明显的运动学特征，具有一定的主频和视速度，如面波、多次波、声波、工业电干扰等。在陆地地震勘探中，面波是一种主要的规则干扰，是一种特殊类型的瑞雷波。它产生于近地表的低速带，具有低频、低速、强振幅和频散特性。由于面波的频散特性，在地震记录上，它常以近直线形式的同相轴呈"扫帚状"分布。较大一部分有效同相轴常常被面波掩盖，严重影响着地震记录的信噪比。因此，面波压制是地震勘探资料处理中的重要一环，对提高地震资料的信噪比具有主要作用。

书中第 7 章介绍了迹变换原理及方向导数迹变换方法压制地震面波的原理。迹变换是近年发展起来的一种模式识别方法，在图像的识别上已取得很成功的应用。它是直线 Radon 变换的一般形式，其特点是可沿直线取不同的泛函，而直线 Radon 变换只是直线上的一种积分运算，即线积分。因此可以认为迹变换是直线 Radon 变换的一般形式。方向导数迹变换是函数的方向导数沿直线积分的一种方法，应用傅里叶变换和希尔伯特变换的特性，书中推导了方向导数迹变换的反变换公式，目的是实现方向导数迹变换域滤波后的有效信号重建。在计算方向导数迹变换时，在方向导数迹变换域会得到两部分，一部分主要是面波信息，另一部分则主要体现有效信号。面波和有效信号经Radon 变换后，在 Radon 域中由于端点效应的存在以及面波和少部分有效信号的能量交织在一起，很难精确地划分出面波的能量范围，因此，压制面波后会保留面波端点信息的同时，也会损失一部分有效信号。而经方向导数迹变换后，面波和有效信号在方向导数迹变换域中的能量是两部分，据此能更精确地划分出面波的范围，使面波压制更彻底。书中给出了由这两部分能量确定面波域的公式，并通过大量不同模型的实验给出了公式中参数的选择规律。

第 8 章通过充分的实验验证了方向导数迹变换压制面波的有效性及优越性。书中对面波的产生、传播以及特性进行了详细的讨论。含有面波的理论地震记录的模拟由简单到复杂，应用方向导数迹变换对不同模型进行面波压制处理，通过面波压制前后的波形对比及频谱分析，表明书中提出的方向导数迹变换对面波的压制效果显著，由于其对端点效应的处理效果很好，所以其面波压制效果较 Radon 变换更优。实际资料的处理也验证了方向导数迹变换对面波压制的有效性和优越性，再次表明该方法具有一定的理论研究价值和应用前景。

本书在编写过程中参考了大量的著作和论文，在此表示感谢。本书由西安石油大学的刘彦萍和中北大学的聂鹏飞共同撰写。刘彦萍撰写了第 1 章，第 3 章~第 6 章，聂鹏飞撰写了第 2 章、第 7 章、第 8 章。全书由刘彦萍统稿。由于时间仓促，水平有限，加之这一领域仍处于不断发展之中，书中不妥之处在所难免，敬请读者批评指正。

目　　录

第1章 绪 论

我国陆地地震勘探开发石油、天然气及矿藏资源的潜力空间较为广阔，未来的地震勘探环境和条件将会越来越复杂，勘探难度会越来越大，勘探目标也会越来越隐蔽。相应地，人们采集到的地震勘探资料中所包含的各种干扰（噪声）信息也会随之增多，从而会严重影响到地震剖面的质量。

在应用地球物理学中，地震勘探是油气、矿藏资源开发中的重要手段，它以研究人工激发的弹性波在地壳中的传播过程为基础，对炸药爆炸或人工撞击激发的、从激发源向各个方向传播的弹性波进行研究处理。这些地震波在地层中产生反射、折射、透射及散射，其中一部分经反射传回大地表面被地表埋放的检波器记录下来形成地震记录。通过对地震记录的处理和研究，为地质层位标定、油气矿藏描述等工作奠定了基础。

地震勘探的过程大致可分为三大部分：人工地震数据的采集，常规地震记录的处理以及后续的剖面分析、构造解释等。在第一个阶段，也就是在地震数据的采集过程中，有效信号避免不了会受到各种噪声的影响，有的被噪声截断，有的甚至被噪声湮没。这些噪声按照其在地震剖面上出现的特征，被划分为规则干扰和不规则干扰两类，它们会将有效信号打断、破坏或者湮没。规则干扰是具有一定规律性和相干性的干扰类型。在地震勘探中，典型的规则干扰有面波、多次波等。不规则干扰又被称为随机噪声。这两类噪声都会对有效信号造成不好的影响，从而使地震资料的信噪比、分辨率和保真度都有所降低，以致影响地震资料后续的处理工作。为了获取有效信号，就必须采取一些措施尽可能地消减这些干扰（噪声）的影响。

自20世纪70年代始，人们研究和发展了大量的滤波方法来压制地震勘探资料中的随机噪声并取得了很好的效果。至今，人们仍然在研究新的滤波技术以期达到更好的处理效果。

本书主要研究地震勘探随机噪声和面波的压制问题。强有力的去噪手段有利于提高地震资料的信噪比、分辨率及保真度，继而对后续的地震勘探资料解释提供了很大的帮助，对油气、矿藏资源的开发具有重要的指导意义。

书中介绍了几种压制地震勘探随机噪声的滤波方法，这些方法从对经典维纳滤波的改进方法开始，到时频峰值滤波(Time-Frequency Peak Filtering，TFPF)，再到 TFPF 的几种改进方法，通过实验验证这些方法的性能。还介绍了一种压制地震面波的方法——方向导数迹变换，该方法相较于传统的线性 Radon 变换具有更好的能量聚集性，因此在变换域中进行面波能量切除也就会更"干净"。

第1节　地震勘探噪声干扰简介

一、地震勘探随机噪声简介

随机噪声，顾名思义，这种噪声是由各种不可预知的因素综合作用而成的，在时间上的出现没有规律性，但其整体分布又遵循一定的统计规律。地震勘探随机噪声在整张地震记录上随机出现，没有固定的频率和视速度，所占据的频带很宽，且无一定的传播方向，比较难以去除。对于地震勘探中随机噪声的特性，地球物理学家陆基孟、李庆忠先生进行了如下描述：随机噪声的谱不是白化的；随机噪声在二维频谱中是分布于全局的，无法与有效波分开；随机噪声道与道之间的互相关不为零，只要它的平均振幅大于信号幅值就会严重影响到剩余静校正及速度分析的精度；随机噪声在时间域中的分布几乎是平稳的。

根据随机噪声的来源和性质，结合地震勘探的实际情况，地震勘探随机噪声可被划分为三大类型。①环境噪声：这类噪声是工区内本来就有的，在地震震源激发前就存在的，主要包括由自然外力引起的噪声和动力机械引起的噪声。比如，来自人的行走，风吹树木、草丛而产生的摇动，井中喷出物溅落到地面等原因导致的无规则振动，建筑物的微震和其他工农业设施带来的地表微震，以及来自地下的地壳微震等。这类噪声的主要特点为频带较宽、主频较低、强度多变、与反射波重叠较多、能量平稳随机、相关半径小、随风速线性变化等。②次生噪声：这类噪声是在放炮后产生的，主要包括由于介质的非均匀性造成的弹性波散射，以及随机方向、相位无规律变化的波的任意叠加等。③系统噪声：这类噪声是由地震仪器、采集站以及大线、小线等在接收和处理过程中产生的。它们的主要特征有白色、均方误差较小、幅值较小等。这几类随机噪声在地震勘探中一般是相伴存在的，它们混淆在一起对有效信号造成了不容忽视的干扰。随着地震采集设备的不断更新与改进，系统噪声对地震勘探的影响已变得非常小了。因此，目前人们所处理的地震勘探随机噪声主要是前两类。

由于地震勘探噪声对地震资料的质量影响很大，特别是现已进行的深层油气、矿藏资源开发的难度较大，所获得的地震资料受各种噪声的影响也更大，严重时会打断或者湮没地震数据中的有用信息。此时，地震数据的信噪比很低，而信噪比又是分辨率和保真度的基础，故而所获取的地震资料达不到"三高一准"的要求。因此，采取有效措施对地震勘探噪声进行压制将会为地震资料的后续处理及地质构造的合理解释提供良好的保障。其中，对于地震勘探随机噪声的压制是重点之一。由于随机噪声具有随机性，因此处理起来也存在一定的难度，欲得到更佳的处理效果，要求所采用的滤波方法性能更优，从而人们对现有的一些随机噪声压制方法进行不断改进以期达到更为理想的滤波效果。

二、地震勘探规则干扰简介

规则干扰在时间上的出现具有规律性，且具有一定的主频和视速度。地震勘探中常见的规则干扰有以下几种。

声波：在地面、坑中、浅水中、浅井中、空中放炮或用重锤锤击地面时都可产生声波。它在地震记录上形成尖锐的强初至，呈窄带出现。其特点是频率高，速度低而且稳定（在 340m/s 左右），延续时间较短。

面波：无论是炸药爆炸震源还是锤击震源，只要激发就会产生面波，其由震源开始沿地震排列方向传播开来。面波具有频率低、速度低、能量强且具有频散特性等特点；同时，由于近地表地层的侧向不均匀，导致面波具有强的反向散射特性，因此，在地震记录上面波呈扫帚状分布。它的视速度一般为 100~1000m/s，以 200~500m/s 最为常见；它的频带通常为 10~30Hz。

多次波：当地面下存在强波阻抗反射界面时可产生多次反射波，分表面多次波和层间多次波。在地震记录上其波形特征与正常一次反射波相似，其运动学特点有一定差异，多次波和一次波在频谱及视速度上都相近，多次波的主频和视速度偏低，但差异不大。多次波的传播速度比同时到达的一次反射波的传播速度低。

工频干扰：也称工业电干扰，当地震排列穿过高压输电线或位于其附近，地震检波器电缆会感应 50Hz 的电压，在地震记录上出现 50Hz 频率稳定的正弦干扰波。它可能出现在整张地震记录上，也可能出现在部分地震道上。

虚反射：从震源首先向上传播，遇到低速带底面或地面后又向下传播，再从地下界面反射的波，它伴随在由震源直接向下传播经界面反射的正常一次波之后。

浅层折射：在浅层存在高速层，或界面两侧速度差异较大（下面地层速度大于上面地层速度）时，或第四系沉积物下面的老地层埋藏较浅时，可以观测到同相轴是直线的浅层折射波，在地震记录上常常伴随着直达波，多出现在记录首部，其同相轴呈直线状，有时可看出它与直达波同相轴有相交干涉现象，频率适中。

鸣震：在浅水地区地震勘探中，地震波在水层内短程多次反射互相叠加形成的一种干扰。在地震记录上表现为相当延续的正弦振动形态，它掩盖了深部反射波。当海底是较平坦、反射系数较稳定的界面时，进入水层内的能量产生多次反射造成水层共振现象，即交混回响，称为海上鸣震。它是海上地震勘探的一种类似于正弦振荡的强干扰波。

在陆地地震勘探中，面波是叠前数据中广泛存在的一种规则干扰，它在地震记录上表现明显。面波通常可分为 3 种：分布在自由界面附近的瑞雷（Rayleigh）波，表面介质和覆盖层之间存在的勒夫（Love）波，以及在深部两个均匀弹性层之间存在的类似于瑞雷波的斯通利（Stoneley）波。瑞雷波的质点振动轨迹为椭圆形，椭圆的长轴与地面垂直，短轴与地面平行，沿测线方向其能量衰减缓慢，持续时间很长，在垂向方向（深度方向）能量迅速衰减。地震勘探中观测到的面波主要是沿地表传播的瑞雷波的垂直分量。在反射波地震勘探中，面波的存在严重影响了地震数据的质量。因此，面波的压制问题一直以来是地震勘探资料处理的重要研究课题之一。

第 2 节　地震勘探噪声压制的国内外研究现状

人们对油气矿藏资源的需求源源不断，易探、易采资源的减少使勘探理论与应用研究的难度越来越大。勘探目标越深、越薄、越不规则的情况，对地震资料质量的要求也越高。因此"三高一准"的地震勘探工程技术是获取高质量地震资料的关键。随着人类社会的进步与发展，以及科学技术及经济的推进，对开辟新的油气、矿产资源领域的追求已经提上日程，对这些资源的深层勘探已在进行，此时更需要地震勘探的新理论、新方法去解决更多的工程技术难题。特别是在复杂地震地质条件的地区，各种干扰或噪声的能量往往强于有效地震波，会破坏地震反射同相轴的清晰度和连续性，从而严重影响地震资料的质量。具有高信噪比、高分辨率及高保真度的地震资料是地震勘探工程的重要基础，在此基础上才能更好地开展后续的研究和处理工作。那么要得到品质良好的地震资料，地震勘探噪声压制就成为一个非常重要的环节，能在有效滤除噪声的同时保护好有效信号更是重中之重。特别是在强噪声环境中以及复杂的噪声环境中能够做到这一点，是我们心之所愿。这需要我们利用先进的数学知识和滤波手段去寻找强有力的理论支撑及技术支持，然后在正确理论的指导下针对现有方法的不足及误差原因提出改进方案，建立适应性更强、偏差更小、消噪效果更好的滤波模型，为地震资料的后续处理做好准备。

一、地震勘探随机噪声压制的国内外研究现状

一直以来，国内外许多专家学者在地震勘探噪声压制方面投入了大量的精力，针对不同种类的噪声提出了不同的压制方法，并取得了显著的实用效果。其中对于随机噪声压制方面的研究占很大一部分。发展至今，地震勘探随机噪声的压制方法有很多，有时域、频域、时频域以及其他变换域方法，叠加是最早常用的随机噪声压制方法之一。目前，很多方法对于信噪比较高的原始地震资料具有较好的处理能力，但是它们在强噪声或较强噪声（低于 0dB）环境下恢复有效信号的能力还不够好。已有的众多地震勘探随机噪声压制方法可列举如下：主成分分析（principle component analysis，PCA）、多项式拟合技术、中值滤波、奇异值分解（singular value decomposition，SVD）、K-L 变换、独立分量分析（independent component analysis，ICA）、f-x 预测滤波、f-x/f-xy 投影滤波、t-x 域预测滤波、小波变换、曲波变换、Seislet 变换、自适应滤波、维纳滤波、形态滤波、粒子滤波、保边平滑滤波、复数道分析方法、时频分析方法、经验模态分解（EMD）方法、非线性图像滤波技术、贝叶斯反演方法、非局部均值（non-local means，NLM）算法等。下面对其中几种经典的、应用较为广泛的方法进行简单的描述。

叠加处理要求地震采集时采用多次覆盖观测系统。将多次采集到的共反射点记录进行动校正处理，然后进行同相叠加。由于随机噪声不相关，叠加后随机噪声得到一定压制，同时增强有效信号，从而提高了信噪比。由于需要计算动校正，因此原始地震记录的信噪比不能太低，否则动校正不精确，不能实现同相叠加，即不能达到好的压制效果。同时，叠加处理不能最大限度地提高信噪比。

多项式拟合技术是一种比较经典的地震信号处理方法，它利用多道之间的相关性来确定时窗内有效反射同相轴的时空位置，然后求出有效波在这一时窗内的标准波形，并根据各道的相关系数对各道进行能量分配，以完成有效波时间、振幅两方面的拟合。经该方法拟合后的地震剖面的信噪比有很大的提高，且剖面数据的高频成分不受损失，能保持原有信号的分辨率，同时也能保持原始各道的相对振幅。但使用该方法处理地震数据有时会出现假同相轴和"蚯蚓化"现象。另外，由于多项式拟合对复杂地层的适应性较强，因此最好在去除规则干扰后再使用，否则规则干扰有可能被当作有效信号而得到加强。

中值滤波实际上是一种平滑滤波方法，由于它是基于多道数学模型的方法，且在理论上会有一些假设，如对道与道之间信号的线性、相干等有一定的要求，因此应用时受到某些限制。该方法能够比较有效地压制随机噪声，但由于其平滑作用，处理后的地震信号主频向低频移动，高频成分受到损害，地震波形过于一致而显呆板，有一些信息没有被客观地反映出来。

SVD 方法是基于特征值对应的特征向量进行信号重建的一种方法,如果地震资料中的有效信号相关性较强,那么有效信号将会被集中在较大的特征值所对应的特征向量上,选取这些特征向量进行信号重建可以较好地去除随机噪声。该方法对于水平同相轴的去噪效果较好,而对于倾斜或弯曲的同相轴则效果不佳。

K-L(Karhunen-Loève)变换是建立在统计特性基础上的一种变换,其突出优点是相关性好,它是均方误差意义下的最佳变换。采用该方法处理地震数据时,主要利用相邻道信号在同一时刻的相关性从地震数据中提取出相干信息,同时消除随机噪声和相干干扰,从而提高地震资料的信噪比。与 SVD 方法类似,该方法对于水平方向同相轴的增强作用较大,而对于倾斜或弯曲同相轴的处理效果较差。

ICA 方法是一种基于信号高阶统计特性的分析方法,它以非高斯信号为研究对象,在独立性假设的前提下,通过分析相互间统计独立的信号源经线性组合而产生的多维观测数据间的高阶统计相关性,找出独立的隐含信息成分,完成分量间高阶冗余的去除,从其中分离出各自独立的信号分量。在地震勘探中,地面检波器接收到的地震记录不仅含有有效波,而且还含有许多随机噪声。在一般情况下,有效信号与随机噪声在统计特性上存在较大差异,所以可将有效信号看似独立,且服从非高斯分布,因而只需取相邻的两道地震波作为 ICA 滤波方法的输入。其输出就是直接从地震道中分离出的有效信号和随机噪声,这样就达到了消噪的目的。

f-x 预测滤波假定同相轴具有线性或局部线性的特性,在 f-x 域预测具有相干性的信号。该方法是对叠后地震剖面上的线性同相轴进行预测,分离有效信号与随机噪声,以增强有效信号。但在此过程中会引起信号畸变,降低输出剖面的保真效果和分辨率。目前采用 f-x 预测滤波压制地震勘探随机噪声还存在一些问题,比如在理论上的假设比较苛刻,那么共炮点记录浅层同相轴要达到符合 f-x 预测滤波的局部线性化要求就会存在一些问题,处理弯曲同相轴的局部线性化也会存在许多问题和困难。

小波变换是基于 Meyer 和 Mallat 提出的多分辨分析概念及小波分解与重构算法。它是一种时间-尺度变换,具有多分辨分析特性和多尺度特性。小波变换在时域和频域均具有优良的局部化性质,可将原信号中所包含的信息分解到任意细节来加以分析。由于信号和噪声在小波变换中的细节信息具有截然不同的特性,因此将其应用于地震信号去噪处理时可以取得较好的信噪分离效果,特别是在去除地震勘探随机噪声方面应用得较为广泛并已验证了该方法的有效性。基于此变换的去噪方法有模极大值重构滤波、空域相关滤波及阈值滤波,但是这 3 种滤波方法均有其缺点和局限性:模极大值重构滤波在滤波过程中存在一个由模极大值重构小波系数的问题，从而使得该方法的计算量大幅度增加，并且其实际滤波效果也并不十分理想。基于小波系数尺度之间相关性原理的空域相关滤波方法，也存在计算量较大的问题，该方法需要进行迭代运算，并且用到了小波域阈值滤波的一些思想，在实际应用中还需要估计噪声方差才能设定适当的阈值。小波域阈值滤波方法是 3 种方法中实现起来最简单、计算量最小的一种方法，但阈值的选取比较困难。虽然 Donoho 在理论上证明并找到了最优的通用阈值，但实际应用中的滤波效果并不十分理想，而且阈值的选取还依赖于噪声的方差，因此需要事先估计噪声方差，而对噪声方差的估计肯定存在误判，特别是对于分布不均匀的强噪声估计误差将会很大。总的来说，基于小波变换的滤波方法对于地震资料边缘的方向特性表征方面表现欠缺，因此利用该技术处理二维乃至三维地震资料中的随机噪声时具有一定的局限性。综上所述，对于情况较为复杂且数据量较大的实际地震资料，小波变换方法不是理想的处理手段。

形态滤波是广泛应用于图像处理的一种方法，近年来被一些学者引入到地震资料的处理当中，在去除野值脉冲噪声及保持地震信号波形方面取得了良好的效果，但是由于该方法需要选取一定的结构元素进行滤波，而结构元素的设置对于滤波效果的影响较大，且对波形的精细刻画能力较为欠缺，因此该方法所能达到的滤波效果比较有限。

保边平滑滤波也是从图像处理中汲取过来的一种处理地震勘探随机噪声的新方法，它根据考察点周围的地震同相轴的特征，应用统计检验理论围绕考察点找出其中较均匀的邻域作为地震信号最可预测的范围，再在该范围内自适应地确定滤波器的形状，从而在有效保留地质体的边缘信息的基础上提升去噪效果。该方法有效地解决了压制噪声和削弱边缘的矛盾，但该方法在滤波时所选择的滤波范围会出现达不到最优的情况而影响最终滤波结果。

与小波变换秉承一脉的曲波变换，具有高度的各向异性，在边缘信息方向性的表征方面有所改进，比较适合处理具有二维信息的信号。基于该变换的随机噪声压制技术多采用阈值方法。在处理地震资料时，该方法在提高弱反射同相轴的连续性和信噪比方面优于小波变换方法，在保真度方面优于中值滤波及 f-x 预测滤波。但由于该方法同样采用阈值进行去噪，在信号不连续处容易造成不光滑的伪影或伪吉布斯现象，甚至会带来明显的"曲波状"不光滑畸变，从而影响处理结果的可视性及对主要特征的识别。

维纳滤波理论是由诺伯特·维纳在 20 世纪 40 年代提出的，是现代最优滤波理论的开端。维纳滤波的应用范围很广，至今仍是处理各种动态数据（如气象、水文、地震勘探等）及预测的有力工具之一。其优点是适应面广，无论平稳随机过程是连续的还是离散的，是标量还是向量，都可以应用，对某些问题还可求出滤波器传递函数的显式解。维纳滤波在地震勘探中的应用始于 20 世纪 60 年代，它是许多地震数据处理软件的常规模块。维纳滤波在地震勘探中可以进行随机噪声压制、面波压制、深度偏移、反褶积等处理。由于维纳滤波是针对平稳随机过程提出的，但实际获得的时间序列大多并不平稳，为了适应不平稳序列提出了时变维纳滤波、基于时频平面的维纳滤波等方法。维纳滤波的另一个缺点是要求已知信号或噪声的自相关（谱），实际中很难实现，只能通过估算来求得。为了能更准确地估计自相关（谱），提出了多道维纳滤波。由于需要估算自相关（谱），因此应用维纳滤波时，信噪比不能太低，为了适应低信噪比情况提出了核主分量维纳滤波及一阶导数算子约束下的维纳滤波等。总之，随着信号处理的不断发展，维纳滤波的应用范围不断增加，维纳滤波理论不断完善，以适应不同情况下的滤波处理。

时频域滤波方法是近年来发展得非常迅速的一类滤波方法，受到众多学者的重视。时频分析技术的研究始于 20 世纪 40 年代，一直以来不断地有学者提出新的时频分布及一些改进方法。时频表示描述了信号的频谱含量在时间上的变化情况，通过建立一种分布在时间域和频率域上同时表示信号的能量或者强度。按照时频联合函数的不同分为线性和双线性时频分布两种。一种是基于在时间和频率均局域化的基本函数（亦称"时频原子"）分解的线性方法，包括戈勃（Gabor）变换、短时傅里叶变换（STFT）、小波（Wavelet）变换等。另外一种是双线性时频方法，也被称为二次型时频方法，主要有 Cohen 类时频分布和仿射类（Affine）时频分布，其中最著名的是 Wigner-Ville 分布（Wigner-Ville distribution，WVD）。TFPF 方法所采用的时频分布就是 WVD 及其加窗形式 PWVD（pseudo Wigner-Ville distribution），这种时频表示方法在时频分辨率和交叉项干扰之间能够达到某种程度的最佳折中。吉林大学现代信号处理实验室多年来对 TFPF 方法进行了深入的研究并将其应用于地震勘探随机噪声的压制方面且取得了许多优秀的成果。他们还在继续研究其改进措施，不断提出新的改进方案，以期取得更好的研究成果。

二、地震勘探面波压制的国内外研究现状

面波可以在接收时采用震源和检波器组合进行压制，但是这样一来就接收不到与面波频率重叠的有效信号。当前，面波压制方法主要利用面波与反射波在能量、频带、视速度等方面的差异，如低截滤波或高通滤波、内切除法、区域异常噪声衰减（Zone Abnonnal Processing，ZAP）、频率波数域压制、τ-p 变换、小波变换、S 变换、Shearlet 变换、TT（Time-Time）变换等。这些方法在实际资料处理中已有一定的应用效果，然而由于方法本身的限制，上述方法大多无法有效保持地震资料中的低频有效信息，从而也就无法满足当前岩性油气藏勘探对地震数据

保幅的要求。

低截滤波或高通滤波会严重损失中深层的低频有效波信息；内切除法在切除面波的同时，也将包含在面波中的有效波信息切除掉，不可再恢复。

F-K 滤波是一种最简单的面波压制方法。它使用二维傅里叶变换，把地震记录变换到频率-波数域（F-K 域）。在这个域中直线型的面波仍为直线，因此通过设计一个二维滤波器（如扇形滤波）就可压制面波。但是它在压制面波的同时也会对与面波频带重迭的有效信号进行压制，损失深层低频有效信号。F-K 滤波要求有规则的空间采样间隔，只适用于地层倾角较缓的地区，对于复杂条件下的面波去除效果不佳，混波现象很严重。

τ-p 变换是依据有效波和干扰波的视速度的大小来压制干扰波的。面波虽然是一种规则的线性干扰，但是它在地震记录上的分布由浅到深，会出现严重的扫帚状特征，它的速度和频率由浅到深都有可能变化。将含有面波的地震数据变换到 τ-p 域，面波的能量并不是一个点，从而也就很难将其完全去除。另外，其固有的"端点效应"也是应用中的一大障碍，使面波能量在 τ-p 域中无法被干净地"切除"。

小波变换是在较低频率处面波的能量强于反射波、在小频率范围和小空间范围内面波能量变化缓慢的假设条件下，先用面波的视速度对其作线性时移，使其逐道相干，再利用 K-L 分解或沿 x 方向进行小波变换的方法进行提取，最后从原始资料中减去提取出的面波即可。由于面波的扫帚状特征，将其作线性时移时不可能完全对齐，因此很难达到完全去除的目的。

由一维小波变换发展而来的二维小波变换压制面波的方法，更充分地考虑到地震记录上的道与道之间的相关性。二维小波变换压制面波的方法与一维小波变换类似，它是将地震记录变换到小波域，在小波域中根据有效信号与面波的时间-尺度分布的不同进行去除。但是，由一维小波形成的二维小波只可表征有限个方向，不能很好地逼近具有高维奇异性的信号，在应用时仍具有一定的局限性。

应用多尺度几何分析（MGA）方法能很好地解决这个问题。目前常用的 MGA 方法主要有脊波（Ridgelet）、曲波（Curvelet）、轮廓波（Contourlet）等，其优越之处在于具有各向异性和方向性特征，能够对图像中具有高度各向异性的边缘和纹理等信息给出渐进最优的表示。近几年有关 Curvelet 域的面波压制方法，取得了优于小波域处理的效果。Shearlet 变换理论是通过特殊形式的、具有合成膨胀的仿射系统构造一种渐进最优的多维函数稀疏表示法。Shearlet 变换不仅具有与 Curvelet 变换和 Contourlet 变换相同的非线性误差逼近阶，同时还具有简单的数学结构，变换后的系数与图像点具有一一对应关系，更加有利于系数的处理利用，而这正是 Curvelet 变换和 Contourlet 变换所缺少的。

利用 Shearlet 变换优异的局域性和方向性表征能力对含面波的地震数据进行方向尺度分解，利用面波与反射信号几何方向的不同分离低频高波数的面波。高尺度基函数具有优异的局部性和方向表征能力，随着尺度降低，基函数的局部性和方向表征能力都将减弱。因而与低尺度相比，高尺度在精确的信噪分离方面更具优势。低频面波变换到 Shearlet 域中会分解为低频低波数面波和低频高波数面波。对于低频高波数面波成分可以利用 Shearlet 域的方向性采用传统的阈值法进行信噪分离。而对于低频低波数面波而言，Shearlet 基函数的时空局域性和方向表征能力减弱，因而面波与反射信号的分离效果也随之变差。

S 变换提供了时间和频率的二维联合表示，它将原始的一维信号由时间域变换到时频域，将面波能量点切除后，又由时频域变换到时间域，这个过程对有效信号几乎没有损失，是近年来比较受欢迎的一种面波压制方法。但是在 S 变换域中进行面波切除时，需设计合适的时频滤波器，其实就是确定适合于每道信号的时间范围和频率范围，这就增加了方法的运算量。

T T 变换是由 Pinnegar 等在 S 变换基础上提出的一种新的非平稳信号分析工具，是将一维时变信号变换到具有时频局部表征能力的二维时间——时间域。T T 变换具有无损可逆性，而且具有很好的频率聚集能力。高频信号的 T T 谱能量主要集中于对角线附近，频率越高，T T 谱中能量聚焦能力越强，而低频信号的频谱分布较广。在特殊情况下，当信号为极高频时，T T 谱能量集中在对角线上；当信号为极低频时，T T 谱能量分布在整个时间轴上。由于 T T 变换具有很好的低频分辨能力，因此对于低频低波数面波分量可采用在 T T 域多次滤波的方法进行压制。在 T T 谱中面波可大体上分为对角线附近部分（与有效信号耦合在一起）和远离对角线部分，采用 T T 域滤波的方式滤除远离对角线部分的能量以压制面波，然而对角线部分仍存在面波能量残留。

近年来兴起的迹(Trace)变换是一种"广义"线性 Radon 变换，这里所说的"广义"是指直线上泛函的定义较广。由于迹变换泛函选择的灵活性，可有效抑制线性 Radon 变换存在的端点效应问题，因此在面波去除方面表现更优，基于该变换的面波去除方法将具有更广阔的应用前景和更高的应用价值。

第2章 维纳滤波及其改进方法 压制地震勘探随机噪声

在信号处理中，维纳滤波是由诺伯特·维纳(Norbert Wiener)在19世纪40年代提出的。它是一种基于统计理论、在最小均方误差准则下的最优滤波。维纳滤波是一种经典的滤波方法，在工程中有较广泛的应用。维纳滤波在地震勘探中可用于随机噪声压制、面波压制、深度偏移、反褶积等处理。

第1节 维纳滤波基本理论

维纳滤波算法假设滤波过程是线性的，就是把处理过程视为一个线性时不变系统，输入信号通过该系统后，得到一个输出信号。那么，我们就可以设计这样一个系统，使得输出信号尽可能逼近所期望的信号，达到某种准则下最优。这个最优的准则，就是通过最小化系统输出信号与期望信号的误差，即最小均方误差。最优滤波器的传递函数可以在时域进行计算，也可以在频域计算。

假设一个线性系统，输入一个随机信号 $y(t)$，其输出信号与期望信号的误差为：$e(t) = d(t) - \hat{y}(t)$。这里 $d(t)$ 为期望信号；$\hat{y}(t)$ 为该线性时不变系统的输出信号，即输入信号 $y(t)$ 的估计。然后，对误差的平方求期望运算，可得到一个关于线性时不变系统传递函数的二次函数，因此，系统必有一个最值。再对这个二次函数关于传递函数求导，并设置导数为0，可得其达到最小值的充分条件为：估计误差 $e(t)$ 需要正交于输入信号。这就是著名的最优线性滤波的正交原理。

可以推出，所需的维纳滤波器系数通过将输入信号的自相关矩阵乘以输入信号与噪声的互相关矩阵即可得到。其中，输入信号的自相关矩阵为对称阵且为Toeplitz 矩阵。Toeplitz 矩阵是线性预测和最优线性预测滤波器的核心部分。

传统的滤波方法是设计一个系统所需的系统响应函数(传递函数)，而维纳滤波采用不同的方法，其中的一种就是假设信号和噪声的谱特性是已知的(频域实现)，另一种是寻求使输出尽可能接近于期望信号(有效信号)的线性时不变滤波器(时域实现)。

维纳滤波原理描述如下：

（1）假设：信号和噪声是平稳线性随机过程，且谱特性已知或自相关函数和互相关函数已知。

（2）要求：滤波器是物理可实现的（因果解），如果不满足因果性，将得到一个非因果解。

（3）性能指标：最小均方误差（MMSE）。

应用维纳滤波的目的就是去除对有效信号造成影响的噪声，得到有效信号的估计。设含噪信号模型为 $y(t)=s(t)+n(t)$，其中 $s(t)$ 为有效信号，$n(t)$ 为噪声。设系统的脉冲响应为 $h(t)$，输入信号 $y(t)$ 经系统滤波输出后所得信号的估计值为 $\hat{s}(t)$，则有：

$$\hat{s}(t)=h(t)*y(t)=h(t)*[s(t)+n(t)] \tag{2-1}$$

式中，$*$ 表示卷积。该滤波过程的目的就是使：

$$\hat{s}(t)\approx s(t+\alpha) \tag{2-2}$$

此时的估计误差为：

$$e(t)=s(t+\alpha)-\hat{s}(t) \tag{2-3}$$

式中，α 为维纳滤波的延迟，换句话说，估计误差就是估计信号与期望信号延迟的差。那么误差的平方为：

$$e^2(t)=s^2(t+\alpha)-2s(t+\alpha)\hat{s}(t)+\hat{s}^2(t) \tag{2-4}$$

式中，$s(t+\alpha)$ 为期望输出，根据 α 的不同，存在如下 3 种情况：

① 如果 $\alpha>0$，这时就是预测问题——当估计信号 $\hat{s}(t)$ 接近于期望输出 $s(t)$ 的后来值（将来值）时误差最小；

② 如果 $\alpha=0$，这时就是滤波问题——当估计信号 $\hat{s}(t)$ 接近于期望输出 $s(t)$ 时误差最小；

③ 如果 $\alpha<0$，这时就是平滑问题——当估计信号 $\hat{s}(t)$ 接近于期望输出 $s(t)$ 的过去值时误差最小。

把 $\hat{s}(t)$ 写成卷积积分形式

$$\hat{s}(t)=\int_{-\infty}^{+\infty}h(\tau)y(t-\tau)\mathrm{d}\tau \tag{2-5}$$

那么，均方误差可写为：

$$E[e^2(t)]=E[s^2(t+\alpha)-2s(t+\alpha)\hat{s}(t)+\hat{s}^2(t)] \tag{2-6}$$

将式(2-5)代入式(2-6)得：

$$E\left[e^2(t)\right] = E\left[s^2(t+\alpha) - 2s(t+\alpha)\int_{-\infty}^{+\infty}h(\tau)y(t-\tau)\mathrm{d}\tau + \right.$$

$$\left.\left(\int_{-\infty}^{+\infty}h(\tau)y(t-\tau)\mathrm{d}\tau\right)^2\right]$$

$$= E\left[s^2(t+\alpha)\right] - 2\int_{-\infty}^{+\infty}h(\tau)E\left[s(t+\alpha)y(t-\tau)\right]\mathrm{d}\tau +$$

$$E\left[\left(\int_{-\infty}^{+\infty}h(\tau)y(t-\tau)\mathrm{d}\tau\right)^2\right]$$

上式中的第三项 $E\left[\left(\int_{-\infty}^{+\infty}h(\tau)y(t-\tau)\mathrm{d}\tau\right)^2\right]$，改变积分变量后可写为：

$$E\left[\int_{-\infty}^{+\infty}h(\tau)y(t-\tau)\mathrm{d}\tau\int_{-\infty}^{+\infty}h(\sigma)y(t-\sigma)\mathrm{d}\sigma\right]$$

$$= \int_{-\infty}^{+\infty}\int_{-\infty}^{+\infty}h(\tau)h(\sigma)E\left[y(t-\tau)y(t-\sigma)\right]\mathrm{d}\tau\mathrm{d}\sigma$$

把它代入 $E\left[e^2(t)\right]$ 的表达式中，可得：

$$E\left[e^2(t)\right] = R_s(\alpha) - 2\int_{-\infty}^{+\infty}h(\tau)R_{sy}(\tau+\alpha)\mathrm{d}\tau + \tag{2-7}$$

$$\int_{-\infty}^{+\infty}\int_{-\infty}^{+\infty}h(\tau)h(\sigma)R_y(\tau-\sigma)\mathrm{d}\tau\mathrm{d}\sigma$$

式中，R_s 为 $s(t)$ 的自相关；R_{sy} 为 $s(t)$ 和 $y(t)$ 的互相关；R_y 为 $y(t)$ 的自相关。

由式(2-7)可知，均方误差取决于相关函数 R_s、R_{sy}、R_y 及系统的冲击响应 $h(t)$，也就是说取决于信号的统计特性与系统特性。如果已知信号和噪声的统计特性，则均方误差就由维纳滤波的冲击响应唯一决定，即均方误差是未知函数 $h(t)$ 的泛函。我们的目的就是寻求一个最佳的冲击响应 $h_{\mathrm{opt}}(t)$，使均方误差 $E\left[e^2(t)\right]$ 达到最小。

变分法是数学分析的一个分支，是微积分中求极值方法的发展。它的研究对象是定义在某一函数集上的某种积分的极值问题。因此式(2-7)可用变分法求解其极小值，求解结果如下：

$$R_{sy}(\tau+\alpha) = \int_{-\infty}^{+\infty}h(\sigma)R_y(\tau-\sigma)\mathrm{d}\sigma \quad \tau \geqslant 0 \tag{2-8}$$

式(2-8)就是著名的维纳-霍夫方程。方程表明，维纳滤波的冲击响应 $h_{\mathrm{opt}}(t)$ 满足方程时，$E\left[e^2(t)\right]$ 达极小值。也就是说，维纳滤波的冲击响应 $h_{\mathrm{opt}}(t)$ 是维纳-霍夫方程的解。关于维纳-霍夫方程的求解有两种经典的求解方法：一种是频谱因式分解法；另一种是伯德-香农(Bode-Shannon)法，也称为预白化法，其核心思想是将输入信号白化。

频谱因式分解法求得的最优滤波器传递函数为：

$$H_{\text{opt}}(s) = \frac{1}{P_y^+(s)} \int_0^\infty e^{-st} \left[\frac{1}{2\pi} \int_{c-j\omega}^{c+j\omega} \frac{P_{sy}(s) e^{\alpha s}}{P_y^-(s)} e^{st} \mathrm{d}s \right] \mathrm{d}t \qquad (2-9)$$

式中，$P_y^+(s)$ 为极点均在右半平面，对应正时间函数的输入信号的拉普拉斯变换谱密度；$P_y^-(s)$ 为极点均在左半平面，对应负时间函数的输入信号的拉普拉斯变换谱密度；且有：

$$P_y(s) = P_y^+(s) P_y^-(s) \qquad (2-10)$$

$P_{sy}(s)$ 为输入信号与期望输出的拉普拉斯变换谱密度。

伯德–香农法求得的最优滤波器传递函数为：

$$H_{\text{opt}}(\omega) = \frac{1}{P_y^+(\omega)} \left[\frac{P_{sy}(\omega) e^{\alpha\omega}}{P_y^-(\omega)} \right]_+ \qquad (2-11)$$

式中，$P_y^+(\omega)$ 为极点均在右半平面，对应正时间函数的输入信号的傅里叶变换谱密度；$P_y^-(\omega)$ 为极点均在左半平面，对应负时间函数的输入信号的傅里叶变换谱密度；且有：

$$P_y(\omega) = P_y^+(\omega) P_y^-(\omega) \qquad (2-12)$$

上述各式中，$P_{sy}(\omega)$ 为输入信号与期望输出的傅里叶变换谱密度。

1. 离散维纳滤波的冲击响应推导

把式(2-1)写成离散化形式，如下所示：

$$\hat{s}(m) = \sum_{k=0}^{k=P-1} h(k) y(m-k) = h^T y \qquad (2-13)$$

式中，$y = [y(m),\ y(m-1),\ \cdots,\ y(m-p-1)]$，为输入信号；$h^T = [h_0,\ h_1,\ \cdots,\ h_{P-1}]$，为维纳滤波系数矢量，$\hat{s}(m)$ 为滤波输出信号。期望输出与滤波输出的误差为：

$$e(m) = s(m) - \hat{s}(m) = s(m) - h^T y \qquad (2-14)$$

均方误差可表示为：

$$\begin{aligned}
E[e^2(m)] &= E[s^2(m) - 2s(m)h^T y + h^T y (h^T y)^T] \\
&= E[s^2(m)] - 2h^T E[s(m)y] + h^T E[y y^T] h \qquad (2-15) \\
&= r_s(0) - 2h^T r_{sy} + h^T R_y h
\end{aligned}$$

式中，$R_y = E[y(m)y^T(m)]$，为输入信号的自相关矩阵；$r_{sy} = E[s(m)y(m)]$，为输入信号与期望信号的互相关矢量。

由式(2-15)可知，均方误差是滤波器系数矢量 h 的二次函数，它有唯一的最小值，且对应的最小值点的梯度为零。对式(2-15)计算关于滤波器系数 h 的梯度，得：

$$\frac{\partial}{\partial h}E\left[e^2(m)\right] = -2\,r_{sy} + 2\,h^T R_y \qquad (2-16)$$

令式(2-16)为零,可得:

$$R_y h = r_{sy} \qquad (2-17)$$

式(2-17)就是离散形式的维纳-霍夫方程。通过求解维纳-霍夫方程得最优滤波系数为:

$$h_{\text{opt}} = R_y^{-1}\,r_{sy} \qquad (2-18)$$

其展开形式为:

$$\begin{pmatrix} h_0 \\ h_1 \\ \vdots \\ h_{P-1} \end{pmatrix} = \begin{pmatrix} R_y(0), & R_y(1), & \cdots, & R_y(P-1) \\ R_y(1), & R_y(0), & \cdots, & R_y(P-2) \\ \vdots & \vdots & \vdots & \vdots \\ R_y(P-1), & R_y(P-2), & \cdots, & R_y(0) \end{pmatrix}^{-1} \begin{pmatrix} r_{sy}(0) \\ r_{sy}(1) \\ \vdots \\ r_{sy}P-1 \end{pmatrix} \qquad (2-19)$$

式中,自相关矩阵 R_y 具有规则的 Toeplize 结构。Teoplize 阵中沿与主对角线平行的任何一条对角线上的元素都相等,且相关矩阵关于主对角线元素对称。有许多方法可以求解式(2-19)表示的线性矩阵方程,例如 Cholesky 分解、奇异值分解以及 QR 分解等方法。

2. 频域维纳滤波传递函数

对式(2-8)两端计算关于 τ 的傅里叶变换得:

$$\int_{-\infty}^{+\infty} R_{sy}(\tau + \alpha)\,\mathrm{e}^{-i\omega\tau}\,\mathrm{d}\tau = \int_{-\infty}^{+\infty}\int_{-\infty}^{+\infty} h(\sigma) R_y(\tau - \sigma)\,\mathrm{e}^{-i\omega\tau}\,\mathrm{d}\tau\,\mathrm{d}\sigma \qquad (2-20)$$

式(2-20)的左端为:

$$\int_{-\infty}^{+\infty} R_{sy}(\tau + \alpha)\,\mathrm{e}^{-i\omega\tau}\,\mathrm{d}\tau = \int_{-\infty}^{+\infty} R_{sy}(\tau + \alpha)\,\mathrm{e}^{-i\omega(\tau+\alpha)}\,\mathrm{e}^{i\omega\alpha}\,\mathrm{d}\tau = P_{sy}(\omega)\,\mathrm{e}^{i\omega\alpha}$$

式(2-20)的右端为:

$$\int_{-\infty}^{+\infty}\int_{-\infty}^{+\infty} h(\sigma) R_y(\tau - \sigma)\,\mathrm{e}^{-i\omega\tau}\,\mathrm{d}\tau\,\mathrm{d}\sigma = \int_{-\infty}^{+\infty} h(\sigma)\,\mathrm{e}^{-i\omega\sigma}\left[\int_{-\infty}^{+\infty} R_y(\tau-\sigma)\,\mathrm{e}^{-i\omega(\tau-\sigma)}\,\mathrm{d}(\tau-\sigma)\right]\mathrm{d}\sigma$$

$$= \int_{-\infty}^{+\infty} h(\sigma)\,\mathrm{e}^{-i\omega\sigma} P_y(\omega)\,\mathrm{d}\sigma$$

$$= H(\omega) P_y(\omega)$$

因此,可得:

$$H(\omega) P_y(\omega) = P_{sy}(\omega)\,\mathrm{e}^{i\omega\alpha} \qquad (2-21)$$

由式(2-21),可得到频域的维纳滤波传递函数为:

$$H(\omega) = \frac{P_{sy}(\omega)\,\mathrm{e}^{i\omega\alpha}}{P_y(\omega)} \qquad (2-22)$$

式中,P_{sy} 为输入信号与期望信号的互功率谱;P_y 为输入信号的自功率谱。由于我们讨论的是滤波问题，此时 $\alpha=0$，则式(2-22)变成：

$$H(\omega)=\frac{P_{sy}(\omega)}{P_y(\omega)} \qquad (2-23)$$

如果有效信号 $s(t)$ 与噪声 $n(t)$ 不相关，则：

$$R_{sy}(\tau)=\int_{-\infty}^{+\infty}s(t)y(t-\tau)\mathrm{d}t=\int_{-\infty}^{+\infty}s(t)\left[s(t-\tau)+n(t-\tau)\right]\mathrm{d}t$$

$$=\int_{-\infty}^{+\infty}s(t)s(t-\tau)\mathrm{d}t+\int_{-\infty}^{+\infty}s(t)n(t-\tau)\mathrm{d}t$$

$$=\int_{-\infty}^{+\infty}s(t)s(t-\tau)\mathrm{d}t=R_s(\tau)$$

对上式进行傅里叶变换得：$P_{sy}(\omega)=P_s(\omega)$，则式(2-23)可表示为：

$$H(\omega)=\frac{P_s(\omega)}{P_y(\omega)} \qquad (2-24)$$

式中，$P_s(\omega)$ 为期望信号的功率谱。式(2-24)就是维纳滤波的频域传递函数，它表明，要获得传递函数，就需要知道期望信号的功率谱以及输入信号的功率谱。

第2节 基于短时谱估计的频域维纳滤波

将维纳滤波方法应用于地震勘探信号的处理，主要是考虑到它是基于最小均方误差估计的最优滤波器。同样是最优估计的卡尔曼滤波器，其实现原理是基于线性系统的状态空间表示，从输出和输入观测数据中获得系统状态的最优估计。理论上，卡尔曼滤波必须使用无限过去的数据，然后需要通过高阶多次迭代，利用先验信息达到满意的效果。然而，无限过去的数据不可能获得，且时域滤波的高阶和多次迭代会产生时移、信号衰减甚至失真等问题。因此，实际使用卡尔曼滤波进行去噪并没有达到理想的效果。

维纳滤波适用于处理广义平稳信号，对于非平稳信号，其处理效果受到一定限制。此时，需考虑将非平稳信号局部平稳化，然后利用该方法进行处理也能达到均方误差意义下的最优滤波。众所周知，地震勘探信号是典型的非平稳信号，因此将维纳滤波应用于地震勘探信号的处理时，需要通过加窗进行局部处理。

由于在实际应用中，采用时域维纳滤波处理信号时，期望信号不易获取，因此对滤波结果的影响很大，一般不予以采用。而维纳滤波的频域实现，可避免寻求期望信号，直接是在频域中对有效信号和噪声进行频谱估计，再进行分离，这是比较容易做到的，因此具有实际应用价值。此时，在滤波前需要先通过对待处理信号进行加窗以实现局部平稳化，反映在频谱上即是进行短时谱估计。

目前，短时谱估计方法多用于语音信号的增强处理，谱减法、维纳滤波都可利用短时谱估计进行滤波。采用短时谱估计方法处理时，主要是对语音信号先进行分帧加窗，再在频域上进行信号频谱与噪声频谱的分离，最后对分离出的信号频谱做傅里叶反变换得到信号时域波形。对时域信号进行分帧时，相邻两帧之间的重合部分叫作帧移，它和帧长的关系比值通常在 0~1/2 之间。例如，先将原始语音信号分成相叠的帧信号，设帧长为 N，帧移为 $N/2$。设一帧含噪信号为 $y(t) = s(t) + n(t)$，$0 \leq t \leq N-1$，其中 $s(t)$ 为纯净信号，$n(t)$ 为平稳加性高斯噪声，且 $s(t)$ 与 $n(t)$ 相互独立。那么，将 $y(t)$ 变换到频域，为了避免分帧时的截断效应，采取在傅里叶变换之前对 $y(t)$ 进行加窗处理，而选用的窗口长度是有限值。设窗函数为 $w(t)$，则加窗后的语音信号为 $y_w(t) = y(t) * w(t)$。加窗时一般选用矩形窗、汉明窗等基本窗函数。矩形窗函数的数学表达式为：

$$w(n) = \begin{cases} 1, & 0 \leq n \leq N-1 \\ 0, & \text{其他} \end{cases} \tag{2-25}$$

汉明窗的数学表达式为：

$$w(n) = \begin{cases} (1-\alpha) - \alpha \cos \left[2\pi n/(N-1) \right], & 0 \leq n \leq N-1 \\ 0, & \text{其他} \end{cases} \tag{2-26}$$

式中，α 一般取 0.46。

对信号加矩形窗处理后，其频谱图整体幅度将增大，主瓣能量比较集中，但旁瓣幅度也很大，基本上没有做到防止能量泄漏；而加汉明窗处理后，其频谱图主瓣幅度没有太大变化，但旁瓣幅度显著减小，能较好地抑制能量泄漏。

目前，人们尝试将维纳滤波方法应用于地震勘探信号的处理当中，期望获得较好的滤波效果。大多数的滤波方法对于提取低频有效信号能够取得很好的滤波效果，但是对于较高频的有效信号表现不足。这里应用基于短时谱估计的维纳滤波方法处理较高频的地震勘探信号，也是一种新的探索。

对滤波方法的测试先是从模拟信号的滤波实验开始的，再对实际资料进行处理。下面介绍整个实验过程。

1. 模拟地震信号的滤波实验

雷克子波是人工合成地震记录常用的子波模型，其数学表达式为：

$$f(t) = \left[1 - 2\left(\pi f_p t \right)^2 \right] e^{-(\pi f_p t)^2} \tag{2-27}$$

式中，f_p 为雷克子波峰值频率。它的振幅谱表达式为：

$$A(f) = \frac{\sqrt{2}}{\pi} \frac{f^2}{f_p^3} e^{-(\frac{f}{f_p})^2} \tag{2-28}$$

经计算，雷克子波的主频 $f_m = 1.1107 f_p \approx f_p$。雷克子波的波形和振幅谱如图 2-1 所示。

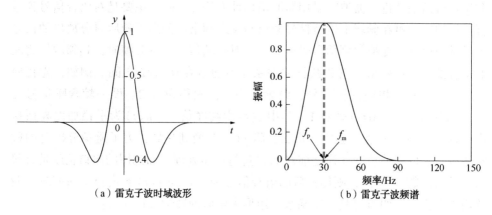

（a）雷克子波时域波形	（b）雷克子波频谱

图 2-1 雷克子波时域波形及其频谱

从图中可以看出，雷克子波是零相位子波，零相位子波就是在 0 时刻能量最强。其振幅谱中也验证了 f_m 略大于 f_p。

首先，对由单个雷克子波构成的模拟地震信号进行实验。设该道模拟信号的采样点数为 1024，雷克子波的主频为 80Hz，对其加入高斯白噪声使得加噪信号的信噪比为 0dB。不含噪信号与加噪信号的波形如图 2-2 所示，频谱如图 2-3 所示。分别采用时域卡尔曼滤波方法和基于短时谱估计的频域维纳滤波方法对加噪信号进行滤波处理。时域卡尔曼滤波需考虑滤波阶数和迭代次数，高阶滤波器会使滤波后的波形产生时移现象，多次迭代会使滤波后的波形衰减或畸变较为严重。因此，在本实验中选取一阶一次滤波。两种方法滤波后的波形如图 2-4 所示，频谱如图 2-5 所示。当采用高阶多次迭代的卡尔曼滤波时，去噪效果有所提升，但是时移现象较为明显。图 2-6 展示了 20 阶卡尔曼滤波器迭代滤波 7 次后的波形与基于短时谱估计的频域维纳滤波波形对比。图 2-7 展示了两种方法滤波所得信号的频谱对比。

上述实验所得结果采用信噪比（Signal-to-Noise Ratio，SNR）和均方误差（Mean-Square-Error，MSE）来定量分析，如表 2-1 所示。

表 2-1 滤波后信号的信噪比与均方误差

项目	滤波方法		
	时域卡尔曼滤波 （1 阶，1 次迭代）	时域卡尔曼滤波 （20 阶，7 次迭代）	基于短时谱估计的 频域维纳滤波
信噪比/dB	5.0691	−2.8532	12.4501
均方误差	0.0477	0.1187	0.0204

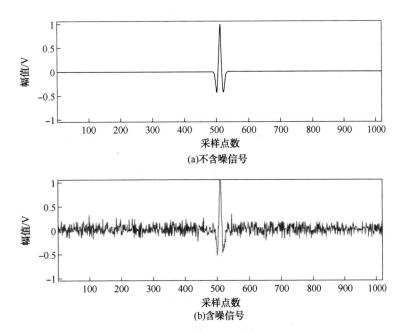

(a)不含噪信号

(b)含噪信号

图 2-2　不含噪雷克子波与加噪雷克子波的时域波形

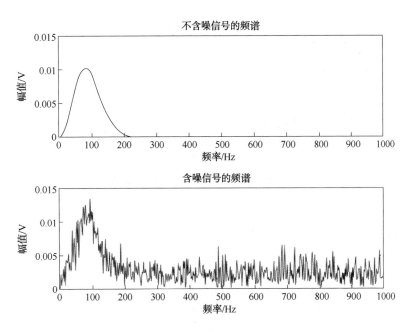

图 2-3　不含噪雷克子波与加噪雷克子波的频谱

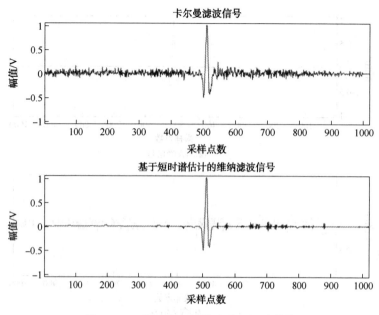

图 2-4　一阶一次卡尔曼滤波和短时谱估
计维纳滤波对加噪雷克子波处理后的波形

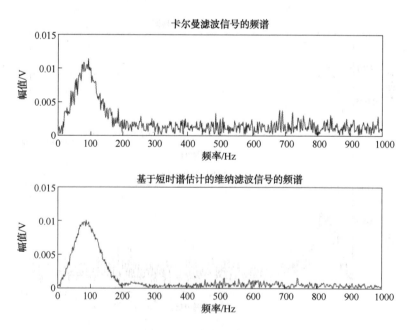

图 2-5　一阶一次卡尔曼滤波和短时谱估计
维纳滤波对加噪雷克子波处理后的频谱

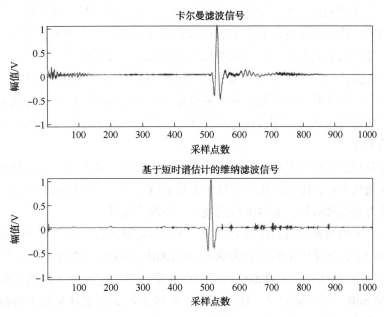

图 2-6　高阶多次卡尔曼滤波和短时谱估计
维纳滤波对加噪雷克子波处理后的波形

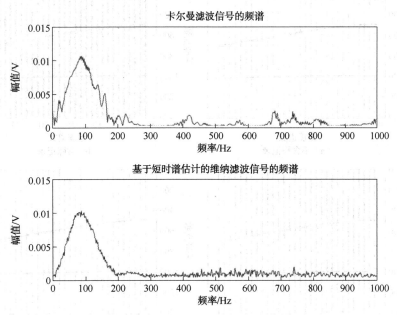

图 2-7　高阶多次卡尔曼滤波和短时谱估计
维纳滤波对加噪雷克子波处理后的频谱

从表 2-1 中可以看出，高阶多次迭代的卡尔曼滤波结果出现了信噪比低于滤波前的现象，皆因滤波后波形产生时移而造成的偏差加大。其实，观察其滤波后的波形，噪声去除效果比一阶一次迭代滤波后的效果要好很多，但是观察其滤波后信号的频谱，可以看出在高频部分有"陡起"现象，说明去噪后的波形有一定程度的畸变。本实验中的时域卡尔曼滤波是作为多数时域滤波方法的代表进行分析的，即多数时域滤波方法都存在此类问题，因此，频域滤波方法成为人们研究与应用的重点。

通过对单道模拟地震信号的滤波实验，初步验证了基于短时谱估计的维纳滤波方法在随机噪声去除方面优于时域卡尔曼滤波方法，即比较两种最优滤波理论下的滤波方法处理效果，频域维纳滤波优于时域卡尔曼滤波。

随后，采用两种滤波方法对人工合成的地震记录进行处理。用于滤波实验的人工合成记录包含了由主频分别为 90Hz 和 100Hz 的雷克子波形成的两个同相轴，层速度分别为 2000m/s 和 3200m/s，共有 30 道。对该记录加入高斯白噪声使其信噪比为–5dB。不含噪记录、加噪记录、时域卡尔曼滤波以及基于短时谱估计的维纳滤波处理后的记录如图 2-8 所示。

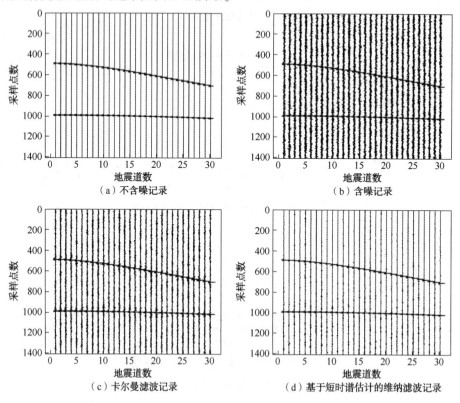

图 2-8　两轴含噪记录滤波前后效果图

从以上人工合成记录的滤波实验可以看出，基于短时谱估计的维纳滤波在压制背景噪声方面优于时域卡尔曼滤波，滤波后记录中的同相轴更清晰。这里对滤波前后记录的信噪比和均方误差进行了计算，如表2-2所示。

表2-2　滤波前后记录的信噪比和均方误差

项目	滤波方法		
	加噪记录	时域卡尔曼滤波记录	基于短时谱估计的频域维纳滤波记录
信噪比/dB	-4.9969	0.2656	6.1906
均方误差	0.0042	0.0142	0.0011

从表2-2中可以看出，基于短时谱估计的维纳滤波方法较大幅度地提升了含噪记录的信噪比，且均方误差减小幅度较大。而时域卡尔曼滤波对记录信噪比的提高能力很有限，且均方误差较大。

2. 实际地震数据的滤波实验

通过对模拟地震信号的滤波实验，验证了基于短时谱估计的维纳滤波在随机噪声去除方面具有较好的能力。将其应用于实际地震记录的处理，并与时域卡尔曼滤波处理后的结果进行对比分析。选取的一幅微地震记录，采样间隔为1ms，有3000个采样点、72道，且该记录中有效信号的主频大约为150Hz。该记录与通常陆地地震勘探记录的区别在于其地震波的主频较高。滤波前后的记录如图2-9所示。

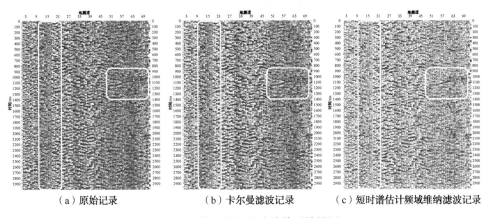

（a）原始记录　　　　　（b）卡尔曼滤波记录　　　（c）短时谱估计频域维纳滤波记录

图2-9　微地震记录滤波前后效果图

可以看出，基于短时谱估计的频域维纳滤波对地震记录背景噪声的消减能力明显优于时域卡尔曼滤波，同相轴更清晰，连续性更好，图中效果明显的部分用白色矩形框标记出来。竖着的长矩形框所示的部分，原始记录和卡尔曼滤波后的记录中强弱噪声分界处的处理效果不够理想，而短时谱估计频域维纳滤波处理后的记录中该分界处噪声压制效果很好；横着的小矩形框所示的部分，短时谱估计频域维纳滤波记录中的有效同相轴更清晰。通过对人工合成地震记录和实际地震数据的滤波测试，验证了基于短时谱估计的频域维纳滤波在压制背景噪声的同时，对较高频地震信号的保持具有可观的效果。

第3节　正则化维纳滤波方法

虽然维纳滤波的应用已取得了较为可观的成果，但是该方法在最小均方准则下得到的维纳-霍夫方程是典型的不适定问题，求解过程比较困难。在实际应用中，期望信号和噪声的相关函数或功率谱几乎是无法求得的，只能通过一些近似的方法得到，这样就给滤波结果带来了很多问题。就频域实现维纳滤波而言，一旦期望信号的功率估计方法一定，不论功率谱估计准确与否，维纳滤波的频域传递函数就一定，这样在功率估计不准时，传递函数的偏差较大，加之它并不能根据需要调节不同频率成分的传递函数，因此滤波效果不理想。

为了克服维纳滤波的上述不足，我们引入正则化的思想，这样不但解决了不适定问题的求解，而且在实际应用中能通过正则化参数来控制滤波效果，使其尽可能地逼近最优滤波效果。

由式(2-8)和式(2-17)可知，维纳-霍夫方程的求解是一类不适定问题求解。所谓不适定问题，就是方程的解不满足解的存在性、唯一性和稳定性3个适定条件中的任何一个定解问题。反之，如果方程的解满足存在性、唯一性和稳定性，则称为适定问题。求解不适定问题的普遍方法是用一簇与原不适定问题相"邻近"的适定问题的解去逼近原问题的解，这种方法称为正则化方法。常用的正则化方法有Tikhonov正则化、截断奇异值分解法(TSVD)、截断完全最小二乘法以及混合正则化方法等。

在所有的正则化方法中，Tikhonov正则化方法是最经典且在正则化问题中处于核心地位的正则化方法。下面我们阐述Tikhonov正则化方法的基本思想。

若方程 $Tx=y$ 是不适定的，Tikhonov正则化方法就是对任意给定的正数 μ，求下式的极小值问题：

$$\varphi_{\mu}(x) = \| Tx-y \|^2 + \mu \| Lx \|^2 \qquad (2-29)$$

式中，μ 为正则化参数。

正则化参数 μ 选取得越大，则在目标函数式(2-29)中赋予解的权越大，从而可以保证所求的范数较小；反之，正则化参数选取越小，则式(2-29)越接近于未正则化的问题，赋予解的权越小。式(2-29)中，当 L 为单位矩阵 I 时，则为零阶 Tikhonov 正则化；当 L 为梯度算子时，则为一阶 Tikhonov 正则化；当 L 为拉普拉斯算子时，则为二阶 Tikhonov 正则化。

一、一维正则化维纳滤波方法

所谓的正则化维纳滤波方法，就是借鉴 Tikhonov 正则化思想，在均方误差中加入一个正则化的约束项，通过正则化参数来约束解的质量。特别是在实际中相关特性或谱特性估计不准的情况下，通过正则化的约束使解尽可能接近于最优解。

1. 时域正则化约束下的维纳滤波

在最小均方准则下，维纳滤波的均方误差见式(2-15)，为使求解更稳定，采用正则化思想，在式(2-15)中加入一个正则项，如下式所示：

$$E[e^2(t)] = E\|s(t)-\hat{s}(t)\|^2 + \mu \cdot E\|L*\hat{s}(t)\|^2 \qquad (2-30)$$

式中，考虑到信号波形变化率是与信号关系密切的物理量，因此我们取 L 是一阶导数算子，μ 为正则化参数。把式(2-13)代入式(2-30)可得：

$$\begin{aligned}
E[e^2(t)] &= E\|s(t)-h^Ty\|^2 + \mu \cdot E\|Lh^Ty\|^2 \\
&= E[s^2(t)] - 2E[s(t)h^Ty] + E[h^Ty(h^Ty)^T] + \mu E[Lh^Ty(Lh^Ty)^T] \\
&= r_s(0) - 2h^Tr_{sy} + h^TR_yh + \mu h^TLR_yL^Th
\end{aligned}$$
$$\qquad (2-31)$$

式(2-31)说明，均方误差是 h 的二次函数，其最小值点的梯度为零。对上述取关于 h 的梯度并令其等于零整理得：

$$(R_y + LR_yL^T)h = r_{sy} \qquad (2-32)$$

由此得到正则化约束下的维纳滤波器冲击响应 h 为：

$$h = [R_y(I+LL^T)]^{-1}r_{sy} \qquad (2-33)$$

2. 频域正则化约束的维纳滤波

在频域中，滤波器的输出 $\hat{S}(\omega)$ 是输入信号 $Y(\omega)$ 与滤波器传递函数 $H(\omega)$ 的乘积：

$$\hat{S}(\omega) = H(\omega)Y(\omega) \qquad (2-34)$$

式中，$\hat{S}(\omega) = \int_{-\infty}^{+\infty} \hat{s}(t)e^{-i\omega t}dt$ 为估计信号的傅里叶变换；$H(\omega) = \int_{-\infty}^{+\infty} h(t)e^{-i\omega t}dt$ 为滤波器冲击响应的傅里叶变换；$Y(\omega) = \int_{-\infty}^{+\infty} y(t)e^{-i\omega t}dt$ 为输入信号的傅里叶变换。那么频域中的估计误差为：

$$e(\omega) = S(\omega) - \hat{S}(\omega) = S(\omega) - H(\omega)Y(\omega) \qquad (2-35)$$

根据 Parseval 定理，平方误差在时域与频域之间有如下关系：

$$\int_{-\infty}^{+\infty} e^2(t)\,\mathrm{d}t = \frac{1}{2\pi}\int_{-\infty}^{+\infty} |e(\omega)|^2\mathrm{d}\omega \qquad (2-36)$$

因此，频域中的均方误差可表示为：

$$E[\,|e(\omega)|^2\,] = E\{[S(\omega)-H(\omega)Y(\omega)]^*[S(\omega)-H(\omega)Y(\omega)]\} \qquad (2-37)$$

对应于时域的正则化约束维纳滤波，在上式中加入一个频域的正则化约束项，结果如下：

$$E[\,|e(\omega)|^2\,] = E\{[S(\omega)-H(\omega)Y(\omega)]^*[S(\omega)-H(\omega)Y(\omega)]\} +$$
$$\mu E\{[L_F H(\omega)Y(\omega)]^*[L_F H(\omega)Y(\omega)]\}$$
$$(2-38)$$

式中，$*$ 表示复共轭；L_F 为一阶导数正则化算子 L 的频域形式，$L_F = -i\omega$。为了得到最小均方误差滤波器的频域传递函数，对式(2-38)计算关于滤波器传递函数 $H(\omega)$ 的复导数，并令其为零，得：

$$\frac{\partial E[\,|e(\omega)|^2\,]}{\partial H(\omega)} = 2H(\omega)P_y(\omega) - 2P_{sy}(\omega) + 2\mu L_F L_F^* H(\omega)P_y(\omega) = 0 \qquad (2-39)$$

式中，$P_y(\omega) = E[Y(\omega)Y^*(\omega)]$，$P_{sy}(\omega) = E[S(\omega)Y^*(\omega)]$，分别为 $Y(\omega)$ 的自功率谱、$Y(\omega)$ 与 $S(\omega)$ 的互功率谱。由式(2-39)得到频域维纳滤波器的传递函数为：

$$H(\omega) = \frac{P_{sy}(\omega)}{P_y(\omega)(1+\mu L_F L_F^*)} \qquad (2-40)$$

如果信号和噪声不相关，那么 $P_{sy}(\omega) = P_s(\omega)$，且 $L_F L_F^* = (-i\omega)(i\omega) = \omega^2$，代入上式得：

$$H(\omega) = \frac{P_s(\omega)}{P_y(\omega)(1+\mu\omega^2)} \qquad (2-41)$$

式(2-41)就是频域正则化约束下的维纳滤波的传递函数(频域响应)。如果 $\mu=0$，式(2-41)就化为经典的维纳滤波在频域内的表达式；如果 $\mu\neq0$，约束性滤波器对维纳滤波的传递函数起调节控制作用。μ 越大对传递函数的权越小，μ 越小对传递函数的权越大。同时 μ 必须满足 $1+\mu\omega^2>0$，也即 $\mu>\dfrac{-1}{\omega^2}$ 这个硬性条件，但是 μ 的取值也不能太大，如果 μ 太大，$\dfrac{1}{1+\mu\omega^2}$ 将趋近于零。

就频率域实现维纳滤波及正则化维纳滤波而言，维纳滤波是最小均方准则下的一种最优滤波方法，它是不能完全恢复期望信号的。因为它的滤波结果可表示为：

$$F_s(\omega) = \frac{P_s(\omega)}{P_y(\omega)} = \frac{F_s(\omega)F_s^*(\omega)}{F_y(\omega)F_y^*(\omega)}F_y(\omega)$$

$$= F_s(\omega)\frac{F_s^*(\omega)}{F_y^*(\omega)}$$

(2-42)

式中，$F_s^*(\omega)$ 为 $F_s(\omega)$ 的复共轭；$F_y^*(\omega)$ 为 $F_y(\omega)$ 的复共轭。由上式可知，经维纳滤波后，并不能完全得到期望信号的傅里叶变换 $F_s(\omega)$，而是其傅里叶变换的一个加权形式，权为 $\frac{F_s^*(\omega)}{F_y^*(\omega)}$，因此傅里叶反变换后并不能完全恢复期望信号。而对于正则化维纳滤波而言，如果参数选取合适，是可以完全恢复期望信号的。因为它的滤波结果为：

$$F_s(\omega) = \frac{P_s(\omega)}{P_y(\omega)(1+\mu\omega^2)} = \frac{F_s(\omega)F_s^*(\omega)}{F_y(\omega)F_y^*(\omega)(1+\mu\omega^2)}F_y(\omega)$$

$$= F_s(\omega)\frac{F_s^*(\omega)}{F_y^*(\omega)}\frac{1}{1+\mu\omega^2}$$

(2-43)

上式中，如果 $\mu = \frac{F_s^*(\omega)}{\omega^2 F_y^*(\omega)} - \frac{1}{\omega^2}$，那么就可完全得到期望信号的傅里叶变换，因此通过傅里叶反变换就能得到期望信号。理论上讲，维纳滤波是不能实现这一点的，而如果参数选取合适，正则化维纳滤波确实能实现比维纳滤波去噪效果好这一目标。

二、二维正则化维纳滤波方法

"一维正则化维纳滤波方法"一节给出了一维情况下正则化约束下维纳滤波的时域及频域的滤波响应，其前提是假设噪声是平稳的。然而在实际地震记录中，单道的噪声并不一定满足假设条件，而整个记录的噪声才近似满足零均值的白噪声。因此，正则化约束下的维纳滤波的二维情况能取得更好的效果。由于维纳滤波在频域中能被更好的理解，因此我们设计一个二维的频域滤波器 $H(\omega, k_\omega)$，使得二维信号模型：

$$y(t, x) = s(t, x) + n(t, x)$$

(2-44)

在频域的滤波结果(估计信号)为：

$$\hat{S}(\omega, k_\omega) = H(\omega, k_\omega)Y(\omega, k_\omega)$$

(2-45)

式中，$\hat{S}(\omega, k_\omega)$ 和 $Y(\omega, k_\omega)$ 分别为 $\hat{s}(t, x)$ 和 $y(t, x)$ 的二维傅里叶变换。假设信号和噪声都是随机过程，且不相关。估计信号与期望信号的均方误差可表达成：

$$E[|e(\omega, k_\omega)|^2]=E\{[S(\omega, k_\omega)-H(\omega, k_\omega)Y(\omega, k_\omega)]^*[S(\omega, k_\omega)-H(\omega, k_\omega)Y(\omega, k_\omega)]\}$$

在上式中引入正则化的思想，即在均方误差的基础上引入一个正则化约束项，如下式所示：

$$E[|e(\omega, k_\omega)|^2]=E\{[S(\omega, k_\omega)-H(\omega, k_\omega)Y(\omega, k_\omega)]^*[S(\omega, k_\omega)-H(\omega, k_\omega)Y(\omega, k_\omega)]\}+\mu E\{[L_{2F}H(\omega, k_\omega)Y(\omega, k_\omega)]^*[L_{2F}H(\omega, k_\omega)Y(\omega, k_\omega)]\}$$

$$(2-46)$$

式中，$*$表示复共轭；L_{2F}为梯度正则化算子的频域形式，那么$L_{2F}=-i(\omega+k_\omega)$。为求均方误差最小时的最优滤波传递函数（频域响应），对式（2-46）求关于$H(\omega, k_\omega)$的复导数，并令其为零，可得：

$$H(\omega, k_\omega)=\frac{P_s(\omega, k_\omega)}{P_y(\omega, k_\omega)[1+\mu(\omega+k_\omega)^2]}\qquad(2-47)$$

式（2-47）就是二维正则化约束下的维纳滤波的频域传递函数。如果$\mu=0$，式（2-47）就是普通二维维纳滤波的频域传递函数。与一维情况类似，μ必须满足$\mu>\dfrac{-1}{(\omega+k_\omega)^2}$，同时取值也不能太大。如果$\mu$太大，将使整个传递函数趋于零。

三、数值实验

为了验证正则化思想引入维纳滤波的有效性，以及推导出的传递函数的正确性，将通过理论模型和实际数据的滤波测试来验证。

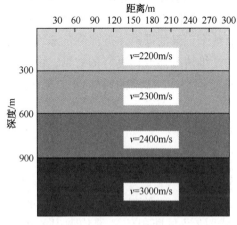

图2-10 速度结构模型

1. 合成记录的处理

1）模型建立

模型的速度结构如图2-10所示。应用共炮点时距曲线方程，雷克子波主频分别为40Hz、30Hz和25Hz对应于第一、第二和第三反射层，采样间隔为2ms，道间距5m，激发点在地表150m处。

合成地震记录如图2-11（a）所示。在合成地震记录中加入0.08w的高斯白噪声，使含噪记录的信噪比（SNR）为-5dB，如图2-11（b）所示。

对图 2-11(b)所示的含噪地震记录分别采用普通维纳和正则化约束下的维纳滤波进行处理。在频域实现时，两种方法都需要知道有效信号的功率谱，而实际上有效信号真正的功率谱是很难得到的。文中采用求相邻道相关的方法得到有效信号的近似功率谱。采用频域正则化约束下的维纳滤波对含噪地震记录进行滤波时，正则因子的选取是关键，也是难点。

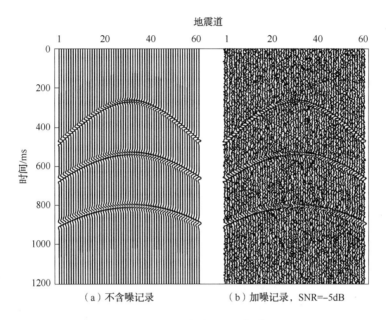

图 2-11　模拟不含噪记录及加噪记录

2）正则因子的选取

把式（2-41）的后一部分 $\dfrac{1}{1+\mu\omega^2}$ 记为 μ_f，为了通过 μ_f 改善维纳滤波的效果，希望 μ_f 满足图 2-12 所示的取值。$f_1 \sim f_2$ 表示记录的有效频段，在这一区间 μ_f 取大于 1 的值。这样就可改善维纳滤波对有效信号的滤波效果，在区间之外取小于 1 的值，以达到消减噪声的目的，特别是在频率大于 f_2 时，μ_f 要取更小的值。对于实际记录的振幅谱，由低截频和高截频所确定的不同频带，μ_f 将展示出不对称的取值。在地震勘探数据处理中，这样做的目的是通过正则项的约束来提高有效频段（$f_1 \sim f_2$）的能量，对有效频段外的低频段进行一定程度的压制，以消减低频噪声；对有效频段外的高频段进行较大权值的压制，以进一步消减高频噪声。根据图 2-12 所示 μ_f 的取值目标，为了能通过该参数得到更好的滤波结果，构造 μ_f 的解析表达式如下：

$$\mu_f = \begin{cases} a-1+\dfrac{f}{2f_1}\pi & , \quad f<f_1 \\[2mm] a & , \quad f_1<f<f_2 \\[2mm] \dfrac{a}{b+1}\left(b+\cos\dfrac{f-f_2 M}{f_3-f_2}\pi\right) & , \quad f_2<f<f_3 \\[2mm] \dfrac{a(b-1)}{b+1} & , \quad f>f_3 \end{cases} \qquad (2-48)$$

式中，a 大于 1，控制有效频段的系数 b 大于 1，为的是能使在频率大于 f_3 时，它能与第三段函数连续。f_1、f_2、f_3 是 3 个控制正则化区域 μ_f 的频率点，f_1、f_2 控制有效频段，f_3 控制衰减高频噪声，如图 2-13 所示。

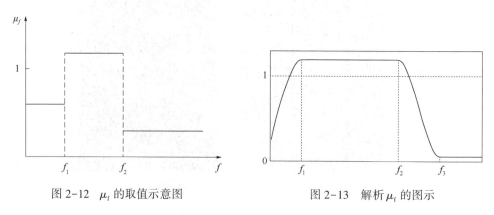

图 2-12 μ_f 的取值示意图   图 2-13 解析 μ_f 的图示

对模拟的含噪记录分别进行维纳和正则化约束下的维纳滤波。在应用上面给出的 μ_f 的解析表达式进行正则化约束下的维纳滤波时，需事先了解有效波的频带范围。文中采用分频扫描的方式确定有效波的频带范围，如图 2-14 所示。

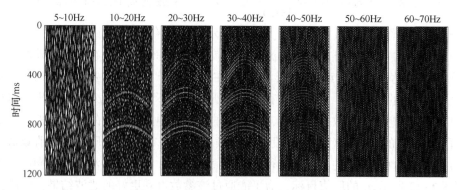

图 2-14 理论含噪记录分频扫描结果

由图 2-14 所示可知，5～10Hz 基本没有信号，几乎全为低频噪声；而 10～
50Hz 范围内有同相轴信息，可确定为有效波的频带范围，这一范围与给出的理
论范围 25～40Hz 接近，表明通过分频扫描可以近似确定有效波的频带范围；而
50Hz 以后基本为高频随机噪声。因此本小节取 $a = 1.2$，$b = 1.1$，$f_1 = 15\text{Hz}$，$f_2 =$
40Hz，$f_3 = 55\text{Hz}$ 进行滤波。两种方法滤波结果如图 2-15 所示。

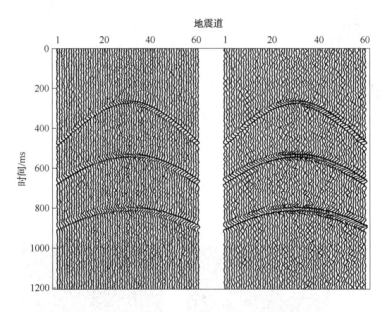

图 2-15　维纳滤波结果(左)及正则化维纳滤波结果(右)

图 2-15 中左边为维纳滤波结果，右边为正则化维纳滤波结果。从图 2-15 可
知，两种方法都能有效压制随机噪声，使同相轴变得清晰。但是正则化维纳滤波
的记录中残留的随机噪声更少，同相轴更清晰、连续，由此表明正则化维纳滤波
比普通维纳滤波效果更好。

为了更详细地分析滤波效果，分别取第 5 道进行波形和振幅谱对比，对比结
果如图 2-16 所示。

图 2-16 所示的频谱中虚线表示加噪记录中第 5 道地震波的振幅谱，带星号
的细线表示其维纳滤波后的振幅谱，粗线表示其正则化维纳滤波后的振幅谱。在
图 2-16 所示的振幅谱中，80Hz 以后的部分，正则化维纳滤波处理后的幅度已很
小，而维纳滤波后的振幅值依然较大，说明后者对中高频随机噪声的压制效果不
如前者。这也可从图中所示波形的光滑程度看出来，即正则化维纳滤波后的波形
比普通维纳滤波后的波形更光滑。同时从图中也可看出，两种方法在去噪的同
时，使原信号的幅值呈现不同程度的衰减，但是正则化维纳滤波处理后的波形幅

值衰减程度要比维纳滤波的小，这也可从两种方法滤掉的噪声记录中得到证实。噪声记录是由原始含噪记录减去滤波后的记录所得，见图2-17。

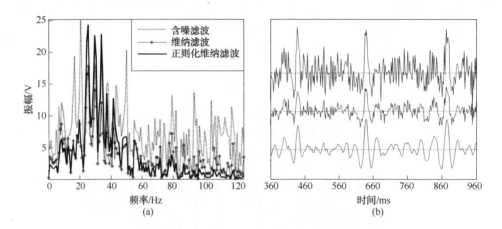

图2-16　滤波前后振幅谱(a)及波形(b)对比

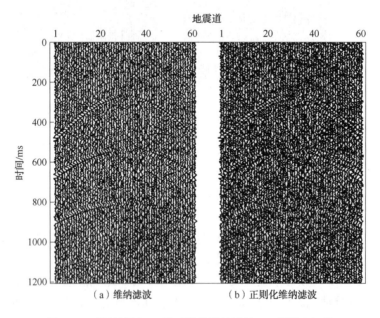

图2-17　维纳滤波(a)及正则化维纳滤波(b)的噪声记录

从图2-17所示的两幅噪声记录可以看出，正则化维纳滤波滤掉的噪声比维纳滤波滤掉的噪声更多，后者损失的有效同相轴较明显，而前者损失的有效同相轴较少，特别是深层同相轴的损失程度较小，说明正则化维纳滤波在有效压制随机噪声的同时对有效信号的保留能力较强。为了进一步验证从噪声记录中得出的结论，对上面得到的噪声记录进行谱分析，分别计算两种方法滤出噪声的平均振幅谱，如图 2-18 所示。

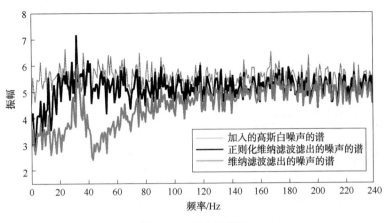

图 2-18　噪声振幅谱

从图 2-18 中可以看出，高斯白噪声的谱幅值基本在 5.5 上下波动，这也验证了白噪声的谱是个常数这一特性。两种方法都对有效信号造成一定损失，但是相对来说，正则化维纳滤波对有效信号的损失较小，在 30Hz 以下的部分有少许损失，而 30Hz 以上的振幅谱其幅值基本在 5.3 上下波动，表现了很好的白噪性，同时能量与加入的噪声能量接近。维纳滤波在滤除噪声时对有效信号的损失较大，从噪声谱可以看出，在 20~40Hz 区间存在明显的有效信号能量；当频率达到 90Hz 以上时，维纳滤波才展现出较好的噪声压制效果。经分析，出现这种情况的原因如下：由于高频段没有有效信号，因此对信号的功率估计准确与否对降噪效果影响不大；而当频段内存在有效信号时，信号功率估计的不准确导致维纳滤波的频域传递函数失真，从而引起滤波效果不理想，甚至对有效信号造成扭曲。而正则化维纳滤波通过正则项的约束能很好地改善传递函数的失真，使滤波效果在 30Hz 以后的频段均表现优越，这比维纳滤波展现出良好的去噪效果提前了约 60Hz 的频段。以上分析再次表明，正则化维纳滤波在有效压制随机噪声的同时能更好地保留有效信号。

上述单炮记录是根据时距曲线方程模拟的，比较简单。为了更贴近实际情况，进一步验证算法的合理性、可靠性，文中建立了一种更为复杂的速度模型进行正演模拟。速度模型中有两个水平层、一个倾斜层以及一个断层，各层速度分别为 2000m/s、2200m/s、2700m/s、3500m/s、4500m/s，倾斜层的倾角约为 1.7°，断层的断距约为 75m，如图 2-19 所示。

应用声波波动方程并采用有限差分法，在上述速度模型的基础上合成地震记

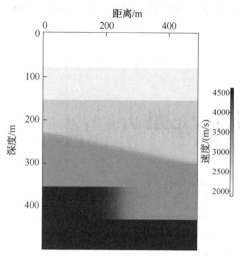

图 2-19　速度结构模型

录。为了克服有限差分数值频散的缺陷，采用 PML（Perfectly matched layer）吸收边界条件。震源点坐标为（250m，5m），模拟的单炮记录道间距为 5m，共 100 道，如图 2-20（a）所示。

在图 2-20（a）中明显显示断层的存在，在此记录中加入 0.005w 的随机噪声，其总体信噪比为 0.05dB，如图 2-20（b）所示。对加噪后的记录分别进行维纳滤波和正则化维纳滤波。经分频扫描确定的正则化约束参数 $f_1 = 5Hz$，$f_2 = 60Hz$，$f_3 = 80Hz$。两者去噪结果如图 2-21 所示，图 2-21（a）是维纳滤波结果，图 2-21（b）是正则化维纳滤波结果。

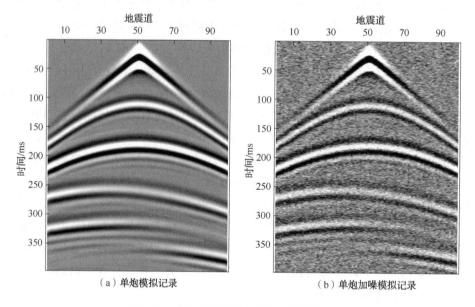

（a）单炮模拟记录　　　　　（b）单炮加噪模拟记录

图 2-20　单炮模拟记录与单炮加噪模拟记录

从图 2-21 可知，两种方法都不同程度地压制了随机噪声，但是正则化维纳滤波的压制效果比维纳滤波的压制效果明显更好，特别是在端点处，正则化维纳滤波后的记录背景更干净，同相轴更清晰。分别取加噪记录、维纳滤波记录和正则化维纳滤波记录中相同序号的一道进行波形对比分析，如图 2-22 所示。

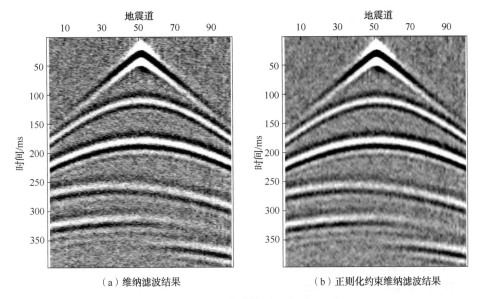

（a）维纳滤波结果   （b）正则化约束维纳滤波结果

图 2-21　去噪结果示意图

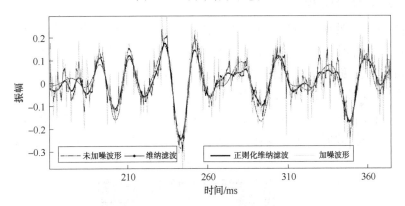

图 2-22　加噪前后及去噪结果波形对比

从图 2-22 中可明显看出正则化维纳滤波所得波形更光滑，与未加噪信号波形更相近。为了对整个记录的去噪效果有一个总体展示，文中给出一个信噪比曲线的衡量方法，如图 2-23 所示。

图 2-23 中的①②③分别表示加噪模型信噪比曲线、维纳滤波结果信噪比曲线、正则化维纳滤波结果信噪比曲线。从图中的 3 条曲线可以看出，两种滤波方法在不同程度上提高了信噪比，并且两种方法处理后各道信噪比的值比较稳定，表明各自的去噪过程比较稳定。图中标示出，加噪模型的总体信噪比为 0.05dB，维纳滤波结果总体信噪比为 4.63dB，可知维纳滤波后，模拟记录的信噪比提高约 4dB；正则化维纳滤波的信噪比为 9.04dB，其滤波后记录信噪比提高约 9dB，信噪比提高是维纳滤波结果的两倍多。

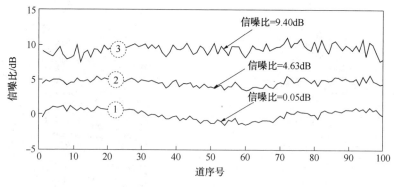

图 2-23　滤波前后信噪比曲线

由此，很明显地看出正则化维纳滤波比维纳滤波的去噪能力更强，其分析结果与时距曲线模型的实验分析结果一致，更充分地验证了正则化维纳滤波的可行性及优越性(相对于维纳滤波而言)。

2. 实际数据的处理

实际数据的处理采用某工区一共炮点记录，这一记录总道数为 165 道，采样间隔 1ms，采样时长 6s，如图 2-24 所示。从图中可以看出，这一共炮点记录中存在面波干扰，同时浅层的随机噪声较小，而中深层特别是深层的随机噪声较强。纵测线观测下，直达波以及面波的时距曲线是直线形式，而图 2-24 所示的记录中，面波和直达波并非直线，这是由于炮点和检波点不在一条直线上造成的，即炮点与检波器所在直线有一定距离，这种观测方式称为非纵测线观测。

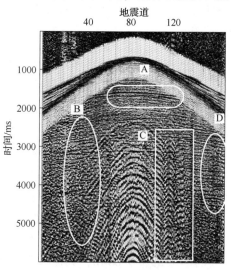

图 2-24　实际地震数据

在图2-24中，由于随机噪声的存在使得A、B、C、D 4个区域内的同相轴不清晰，连续性也不够好，记录可读性较低。特别是在远偏移距的深层，同相轴受随机噪声的影响更大。对这一共炮点记录分别进行维纳滤波和正则化维纳滤波，其滤波结果如图2-25所示。

从图2-25可以看出，维纳滤波及正则化维纳滤波，对原记录中的随机噪声都有一定的压制作用。对比图2-25左右两个地震记录，正则化维纳滤波结果明显优于普通维纳滤波，图中A、B、C、D 4块区域的效果对比鲜明。A区块中弯曲状同相轴的上、下部，经正则化维纳滤波后，淹没在噪声中的同相轴凸显出来，而普通维纳滤波的效果并不明显；B区块中，正则化维纳滤波明显比普通维纳滤波后的同相轴清晰且连续，4200ms及5200ms两处斑状随机噪声，普通维纳滤波几乎没有去掉，而正则化维纳滤波去除得较干净；C区块上半部分，普通维纳滤波及正则化维纳滤波对随机噪声进行了不同程度的压制，正则化维纳滤波效果更明显，而下半部分，普通维纳滤波去噪效果不明显，正则化维纳滤波仍表现优越；D区块中，正则化维纳滤波去噪后的同相轴更清晰，连续性更好。

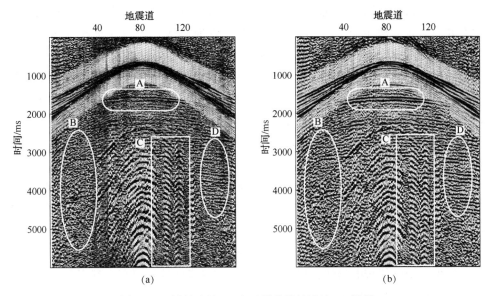

图2-25 维纳滤波(a)和正则化维纳滤波(b)结果

通过以上对实际记录的处理，可以很明显地看出，正则化维纳滤波能更好地压制地震记录中的随机噪声，使有效同相轴更清晰连续，便于追踪。理论模型和实际数据的处理都表明了正则化维纳滤波的性能优于维纳滤波的性能。

第3章　基于时频分析的地震勘探随机噪声压制方法及应用

自然界的很多信号都是非平稳的，它们的性质比平稳信号复杂。非平稳信号也常被称为时变信号，因为它至少有某个统计量（如均值、协方差函数）是时间的函数，而不是简单地理解为信号的取值或波形是否随时间变化。地震勘探信号就是典型的非平稳信号，因此处理地震信号的方法也要适应其非平稳性。本文主要针对地震勘探中的随机噪声采取有效措施进行压制，从而达到提取地震资料中有效信号的目的。发展至今，已有很多种方法在压制地震勘探随机噪声方面取得了很好的效果，特别是时频域方法对于处理类似于勘探地震信号的非平稳信号非常有效。时频方法主要分为两类，一类是线性时频表示，由傅里叶变换发展而来，其典型形式为短时傅里叶变换（STFT）、加窗的傅里叶变换及小波（Wavelet）变换。以小波滤波为例，该方法是我们最常见的消噪方法且其已在地震勘探随机噪声的消减中广泛应用并取得了可观的效果。与此方法秉承一脉的曲波（Curvelet）方法、轮廓波（Contourlet）方法也逐渐被广泛应用于地震勘探随机噪声的消减中且取得了优于小波滤波的效果。另一类是二次型时频表示，也称为双线性时频表示。魏格纳-维列分布（WVD）就是这类时频表示的典型代表，由它推广出来其他多种二次型时频表示，如加窗的魏格纳-维列分布，也称为伪魏格纳-维列分布（PWVD）、平滑伪魏格纳-维列分布（SPWVD）等。时频峰值滤波（TFPF）方法所采用的时频分布就是WVD，但是对于非线性信号需采用PWVD来满足该方法无偏估计的条件之一——信号近似线性。该方法最初多用于强噪声环境中新生儿脑电信号的增强，现已被吉林大学现代信号处理实验室应用于地震勘探随机噪声的消减当中并取得了显著的效果。

笔者在学习多种地震勘探随机噪声消减方法的过程中选择了几种时频类方法进行了较为深入的研究。这些方法有线调频小波（Chirplet）、经验模态分解（EMD）以及时频峰值滤波（time-frequency peak filtering，TFPF），其中Chirplet变换属于参数化时频方法，而EMD和TFPF属于非参数化时频方法。参数化方法与没有先验的假定信号是由何种模型信号（这种模型信号可称为"原子"）组成的非参数化方法不同之处在于：它们是根据对信号层次结构的分析，构造出与信号层次结构最佳匹配的信号模型(原子)，进而用这些原子通过一定的匹配追踪和组合方法来逼近原始信号。因此，在参数化方法中，选用合适的匹配追踪算法能够使算法简单化，尽可能地浓缩有效信号的信息，避免产生大量的冗余原子。上述的这些方法都可应用于地震勘探信号的滤波处理，并已通过实验验证了它们在这方面的应用效果。下面分别详细地介绍这几种方法的基本原理，并将实验结果展示出来进行分析。

第 1 节　Chirplet 方法的基本原理及其提取地震勘探有效信号的应用

Chirplet 变换最早起源于 19 世纪 20 年代的光学研究。20 世纪 70 年代，Papoulis 将线性调频信号作为基函数进行 Fourier 分析，标志着 Chirplet 变换的萌芽，但是直到 20 世纪 90 年代，Chirplet 变换才逐渐成为信号处理领域中的研究热点。1995 年，Mann 和 Haykin 比较系统地阐述了 Chirplet 变换的基本理论。之后，研究人员对 Chirplet 变换理论及其在信号处理中的应用进行了深入的研究。目前，Chirplet 变换已经在雷达、故障诊断及地球物理等领域的非平稳信号分析处理中得到了应用。

一、Chirplet 变换的基本原理

Chirplet 变换是一种较新的线性时频分析方法，可以看作是 STFT 和 Wavelet 变换的推广，三种变换的相似之处在于，它们都是将待分析信号与核函数进行褶积。STFT 在时频平面上是用静态分辨率来刻画信号的时频关系的，即将这个平面分为具有常数面积的一些基本单元，这些单元的形状通常是一样的，而 Wavelet 变换也仅仅是沿着频率轴做改变。在 Chirplet 变换中，是通过参数化 Chirp 函数族与待分析信号的内积来获取有用信息的。Chirplet 原子共有 4 个参数，分别表示时间中心、频率中心、尺度参数和线性调频率，通过对这些参量的调节可以使待分析信号在时频域有较好的分辨率。Chirplet 其实是一种时间-频率-尺度变换，因此说它是 STFT 和 Wavelet 变换的发展及推广。

STFT 的时频原子是通过窗函数作时间上的平移和频率调制两种操作得到的，而 Wavelet 变换的时频原子是通过对小波基函数作平移和伸缩得到的。在 Chirplet 变换中除了时间平移、频率调制和尺度伸缩外，还包括矩形时频原子在斜方向的拉伸与旋转变化。这样，时频原子可以根据不同的需要进行旋转和拉伸，从而其时频原子呈菱形出现。因此，Chirplet 变换所采用的这些具有相对灵活多变形状的时频原子比 STFT 和 Wavelet 变换更能清晰地刻画非平稳信号的时频变化特性。

Chirplet 变换的实质是将信号展开为 Chirplet 级数形式，基于 Chirplet 的自适应信号分解在于，设计合适的 Chirplet 基函数对原信号进行逼近，应用自适应匹配追踪算法逐步递推分解，将信号展开为一系列 Chirplet 原子线性加权和的形式。Chirplet 变换在核函数的选择上具有很大的灵活性，通过核函数的调整来提高时频分辨率，从而得到更准确的瞬时频率估计。

不少研究者认为，脑电信号、电磁啸叫信号、鸟声信号、蝙蝠回波定位脉冲、地震信号等具有明显的线性调频现象(包含 Chirp 信号成分)。已有一些研究者采用 Chirplet 为地震信号建模，最大程度地逼近原始有效信号。现实生活中有很多信号具有非线性性质，因此，又有一些研究者提出采用高阶的时频原子 FM^m let 来匹配组合这些具有非线性时频关系的信号。但是，这些高阶时频原子因其自由度的增加，在结构上比 Chirplet 原子要更复杂些，使最优时频原子的搜索变得更为复杂和困难，所以滤波方法的实现过程也相应复杂起来。因此，我们仍然选用 Chirplet 时频原子来匹配地震信号。Chirplet 时频原子的数学表达式如下：

$$c_{t_c,f_c,\lg(\sigma),r}(t) = \frac{1}{\sqrt{\sigma}} g\left(\frac{t-t_c}{\sigma}\right) \exp\left\{j2\pi\left[1+r\left(\frac{t-t_c}{\sigma}\right)\right] \cdot f_c\left(\frac{t-t_c}{\sigma}\right)\right\} \quad (3-1)$$

或

$$c_{t_c,f_c,\lg(\sigma),\xi}(t) = \frac{1}{\sqrt{\sigma}} g\left(\frac{t-t_c}{\sigma}\right) \exp\left\{j2\pi\left[f_c\left(\frac{t-t_c}{\sigma}\right) + \frac{1}{2}\xi\left(\frac{t-t_c}{\sigma}\right)^2\right]\right\} \quad (3-2)$$

式中，$g(t)$ 为窗函数。通常高斯(Gauss)窗是最常用的窗函数类型，因为它有极高的时频分辨率，其时间-带宽积达到了 Heisenberg 测不准原理给出的下界。这里我们也采用归一化高斯窗时频原子来完成 Chirplet 变换，其数学表达式如下：

$$c_{t_c,f_c,\lg(\sigma),\xi}(t) = (\pi\sigma^2)^{-1/4} \exp\left\{-\frac{1}{2}\left(\frac{t-t_c}{\sigma}\right)^2\right\} \cdot \exp\left\{j2\pi\left[f_c\left(\frac{t-t_c}{\sigma}\right) + \frac{1}{2}\xi\left(\frac{t-t_c}{\sigma}\right)^2\right]\right\}$$

$$(3-3)$$

式中，t_c 为时频原子的时间中心，f_c 为频率中心；σ 为尺度因子；$\xi = 2rf_c$ 为线性调频率。

前面讲过采用 Chirplet 原子对原始有效信号进行逼近时，选取合理的匹配追踪算法至关重要。如果选用的时频原子与原信号的主要成分相似度很高，那么仅需要少数原子的线性组合就可以比较精确地表示原信号中的有效成分；反之，如果原子的性状与原信号的主要结构相去甚远，那么就需要用大量的原子去组合原始有效信号，即便如此，也未必能很精确地恢复出原始有效信号。因此，在选用原子分解方法时，尽量选择能够自适应地匹配跟踪原信号中有效成分的局部特征的算法，以期用尽可能少的原子来分解信号。经过前人研究总结，自适应匹配投影塔形分解算法能够胜任这一关键步骤，它是一种迭代算法。这种算法的实质是用原子的时频能量分布逼近原始有效信号的时频能量分布。基于这种算法的 Chirplet 变换，本质上是对时频平面上的任意一条能量曲线用一组具有多个斜率的倾斜线段进行线性逼近。假设原始信号为 $s(t)$，那么采用自适应匹配投影塔形分解算法及高斯时频原子来追踪逼近 $s(t)$ 中有效信号的结果为：

$$\tilde{s}(t) = \sum_{k=0}^{M} C_k c_k(t) + s_{M+1}(t) \tag{3-4}$$

式中，$C_k = \langle s_k(t), c_k(t) \rangle = \int_{-\infty}^{+\infty} s_k(t) c_k^*(t) \mathrm{d}t$ 为加权系数；$c_k(t)$ 为基函数；$\langle s_k, c_k \rangle c_k$ 为信号 s_k 在 c_k 方向上的投影；$s_{M+1}(t)$ 为经过 $M+1$ 次迭代分解的残量，这个残量与 c_k 是正交的。随着分解次数的增多，即当 $M \to \infty$ 时，$s_{M+1}(t)$ 就会趋近于零。那么，原信号将会表示为：

$$\lim_{M \to \infty} s_{M+1}(t) = 0 \Rightarrow \tilde{s}(t) = \sum_{k=0}^{\infty} C_k c_k(t) \tag{3-5}$$

此时，信号达到完全分解。通过重构得到的 Chirplet 原子集就可恢复出原始有效信号。这种方法最关键的问题在于自适应分解的过程中所选取的最佳基函数，具体来说，在于基函数的参数选取和算法的收敛条件。这是一个采用多方位的非线性优化问题来寻找与有效信号成分最匹配的投影过程，因此，我们可以选用多种优化方法来得到最佳基函数。这里我们选用拟牛顿优化方法来实现参数的最大似然估计，在今后的研究中还可采用更好的优化方法来进行参数估计。

二、Chirplet 提取地震勘探有效信号的应用

Chirplet 方法现常应用于雷达信号的特征提取及瞬时频率估计等方面，现已有作者将 Chirplet 变换引入到地球物理领域：Wanchun Fan 等应用 Chirplet 变换来分解地震信号；邱剑锋等将该方法初步应用于石油勘探开发中沉积旋回信号的分析处理中；在此之前，范延芳等人已将 $FM^m let$ 变换应用于地震信号的滤波处理中。其实，Chirplet 变换属于 $FM^m let$ 变换的范畴，只不过前者采用的是线性调频原子，而后者可以扩展到高阶的非线性调频原子。$FM^m let$ 时频原子表示为：

$$c_{t_c f_c, \lg(\sigma), r, m}(t) = \frac{1}{\sqrt{\sigma}} g\left(\frac{t-t_c}{\sigma}\right) \exp\left\{ j2\pi \left[1 + r\left(\frac{t-t_c}{\sigma}\right)\right]^m \cdot f_c\left(\frac{t-t_c}{\sigma}\right) \right\} \tag{3-6}$$

同样，采用归一化高斯窗函数，Gaussian $FM^m let$ 原子为：

$$c_{t_c f_c, \lg(\sigma), r, m}(t) = (\pi\sigma^2)^{-1/4} \exp\left\{ -\frac{1}{2}\left(\frac{t-t_c}{\sigma}\right)^2 \right\} \cdot \exp\left\{ j2\pi \left[1 + r\left(\frac{t-t_c}{\sigma}\right)\right]^m \cdot f_c\left(\frac{t-t_c}{\sigma}\right) \right\} \tag{3-7}$$

由此，我们可以将 Chirplet 和 $FM^m let$ 的关系简单的表示为：

$$CT_{s}[t_{c}, f_{c}, \lg(\sigma), r] = \langle s(t), c_{t_c, f_c, \lg(\sigma), r, 1}(t) \rangle = FM^{m}T_{s}(t_{c}, f_{c}, \lg(\sigma), r, 1)$$

$$(3-8)$$

FM^{m}let 的提出是为了更好地刻画信号的非线性时变成分。当 $m>1$ 时，称之为高阶调频原子，可以用来逼近信号中的非线性成分。较之于 Chirplet 单纯使用线性调频原子来逼近原信号，FM^{m}let 能取得更好的效果，但是由此付出的代价就是计算复杂度的增加。前文提到过，一些研究者发现地震信号具有线性调频特性，且我们尽量使信号处理过程简单化，于是更倾向于采用 Chirplet 方法从噪声环境中提取有效的地震信号。经过初步的探讨和实验，发现该方法有相当的潜力。文献对 FM^{m}let 的消噪机理进行了阐述，Chirplet 方法的消噪机理与此相同。简言之就是利用有效信号的组成成分间具有很强的相干性，而随机噪声则没有这一特点来达到消减目的从而提取出有效信号的目的。下面我们列举一些该方法对地震信号的实验结果来分析其滤波性能。

首先，我们采用 Chirplet 方法对模拟地震信号进行实验。地震信号处理领域中，常采用雷克子波（Ricker wavelet）来模拟地震信号。其数学表达式为：

$$x(t) = (1-2\pi^2 f^2 t^2) \exp(-\pi^2 f^2 t^2)$$

$$(3-9)$$

下面是先做 Chirplet 方法对一个雷克子波的纯净波形进行恢复以及从加噪波形中提取有效波形的实验。为了验证 Chirplet 方法对信号中的非线性成分的恢复能力，我们在实验中尽量把雷克子波的主频设置得稍高一些，使得波形较为陡峭，其非线性程度也较高些。设雷克子波的主频为 $f = 40Hz$，采样频率为 2000Hz，采样点数 512。含噪子波的信噪比为 0dB。

从图 3-1 中可以看出，无论是原始纯净信号还是加噪信号，通过 Chirplet 方法对有效信号的恢复效果都非常好。特别是在原始波形中零值的部分，对应于加噪波形中此处其实就是纯噪声，但是恢复出来的波形基本没有受到高频起伏的噪声的影响而产生振荡或畸变，和原始纯净信号基本一致。

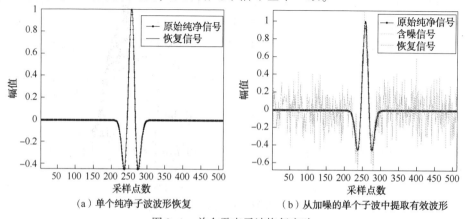

（a）单个纯净子波波形恢复　　　（b）从加噪的单个子波中提取有效波形

图 3-1　单个雷克子波恢复实验

接着，采用 Chirplet 方法对两个雷克子波进行实验。设两个雷克子波的主频分别为 $f_1 = 50\text{Hz}$，$f_2 = 30\text{Hz}$，采样频率为 2000Hz，采样点数为 512。含噪子波的信噪比为 0dB。实验结果如图 3-2 所示。

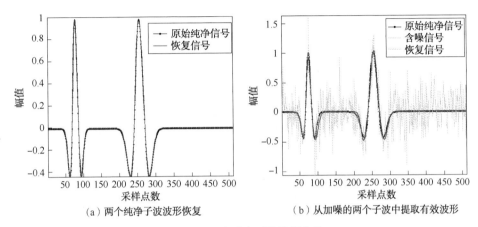

(a) 两个纯净子波波形恢复　　　　(b) 从加噪的两个子波中提取有效波形

图 3-2　两个雷克子波恢复实验

与单个子波的情形一样，两个雷克子波无论是纯净信号还是加噪信号，通过 Chirplet 方法恢复出来的有效信号与原始纯净信号基本一致。特别是在受噪声污染的零值部分，恢复出来的波形基本没有上下起伏的现象。从对单道波形的恢复实验中可以初步看出 Chirplet 方法的特点：重在采用合适的时频原子来匹配原始有效信号。从另一个角度来看，这恰恰是起到了消噪的作用。尽管如此，由于前文已介绍过该方法具有自适应性，那么对于随时间推移而位置有所移动的波形是否也能很好地提取出有效信号，我们还需进一步验证。下面我们验证 Chirplet 方法对于随着地震时距曲线而具有不同位置的子波是否仍具有较好的恢复提取能力，即验证该方法对于地震反射同相轴的恢复提取能力。

首先，我们采用 Chirplet 方法对含有单个同相轴的模拟地震记录进行实验。设构成同相轴的雷克子波主频为 $f = 40\text{Hz}$，采样间隔为 $\text{d}t = 0.002\text{s}$，波速为 $v = 1500\text{m/s}$，道间距为 $\text{d}x = 25\text{m}$。整个记录的信噪比 SNR = 0dB。实验对比图如图 3-3 所示。

可以看出，图 3-3(b) 所示的滤波后的记录中同相轴恢复得很好，背景噪声也去除得比较干净，只是有个别地方出现一些小的尖峰脉冲。由此可以看出，Chirplet 方法几乎不受地震记录中构成反射同相轴的子波位置的影响，再次验证其从噪声环境中提取有效信号的能力是非常优秀的。

为了使得实验结果更具说服力，我们模拟同相轴情况稍复杂的地震记录来进一步实验。下面我们采用 Chirplet 方法对含有两个同相轴的模拟地震记录进行实验。设构成两个同相轴的雷克子波主频分别为 $f_1 = 50Hz$，$f_2 = 30Hz$，采样间隔为 $dt = 0.002s$，波速分别为 $v_1 = 1800m/s$，$v_2 = 2100m/s$，道间距为 $dx = 20m$。整个记录的信噪比 SNR = 0dB。实验对比图如图 3-4 所示。

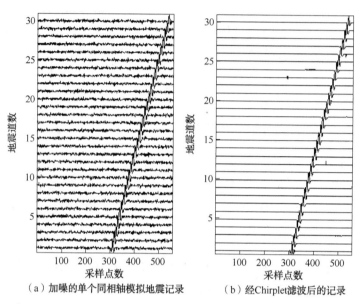

（a）加噪的单个同相轴模拟地震记录　　（b）经Chirplet滤波后的记录

图 3-3　单个同相轴恢复实验

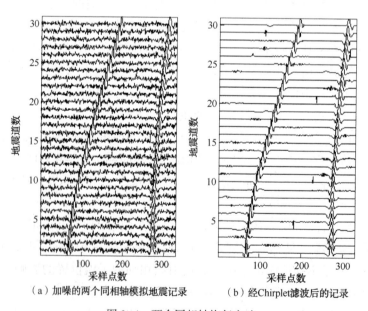

（a）加噪的两个同相轴模拟地震记录　　（b）经Chirplet滤波后的记录

图 3-4　两个同相轴恢复实验

从以上实验效果图可以看出，Chirplet 方法对含有两个同相轴的模拟地震记录的滤波效果也较为突出，表现为能够较好地恢复原始同相轴并压制较多的背景噪声。但是记录中出现尖峰脉冲干扰的地方较之于含有单个同相轴的地震记录要多些，不平滑部分也多些。分析其原因，是由于含有两个同相轴的地震记录的情况较之于单个同相轴记录要复杂些，每一道的地震波波形是由沿不同的时距曲线的走势而移动的两个子波组成的，整道波形较之于单个同相轴记录的整道波形要复杂些，其非线性程度也有所增强。那么，Chirplet 原子对其匹配追踪的难度也有所加大，从而产生的误差也随之增加了。

以上的模拟实验中对有效信号所加的噪声较强，单道波形和整个记录的信噪比均达到了 0dB，此时 Chirplet 还能有效地提取信号，已属不错。但是有一个事实需要指出，Chirplet 方法对有效信号的恢复能力会随着噪声强度的增大而逐渐减弱，其实该方法在信噪比为 0dB 时已经偶尔会出现不能很好地恢复有效信号的现象，这种现象主要发生在多个同相轴记录的实验中。也就是说，该方法对于信噪比较低、同相轴情况较为复杂的地震记录开始表现出不稳定性。那么当信噪比低于 0dB 时，这种不稳定性会加大，对有效信号的恢复能力也逐渐减弱。在实际地震数据中，噪声不是均匀分布的，有些地方噪声强一些，有些地方较弱。总体来讲，大多数记录的信噪比不会很低。下面选取几部分经 Chirplet 方法处理的实际地震记录来加以分析说明，如图 3-5 所示。

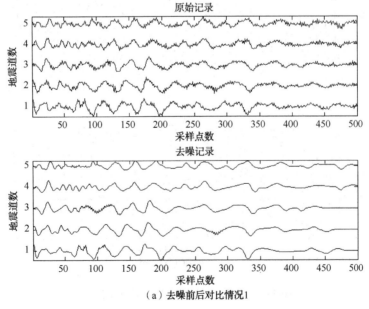

（a）去噪前后对比情况1

图 3-5　实际地震记录去噪前后对比

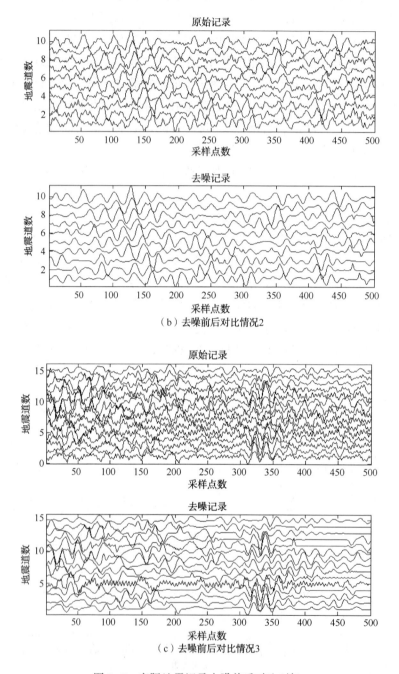

（b）去噪前后对比情况2

（c）去噪前后对比情况3

图 3-5　实际地震记录去噪前后对比(续)

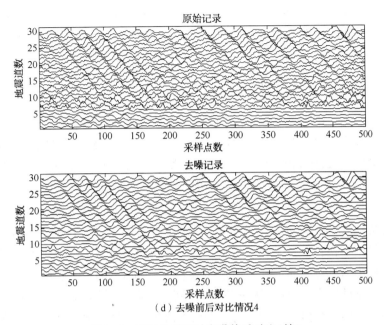

（d）去噪前后对比情况4

图 3-5 实际地震记录去噪前后对比（续）

从以上对实际地震记录的实验来看，Chirplet 方法能较好地将有效地震波恢复出来，且波形较为平滑，从另一方面反映出该方法对地震勘探随机噪声有一定的压制作用。但是由于实际地震记录中噪声不是均匀分布的，如果某处噪声幅值很大，比方说出现尖峰脉冲噪声的现象，那么 Chirplet 方法对此处的噪声压制基本没有效果，甚至会影响到对有效信号提取的整个过程而使滤波结果失效。因此，我们采用 Chirplet 方法对实际地震数据进行处理时，只是分块截取部分记录出来进行处理，而采用该方法对于被强噪声污染的地震记录部分还没有更好、更稳定的措施使得滤波结果有效。这也是 Chirplet 方法本身所存在的一个不可忽视的缺点，所以我们一直都没有停止寻找能够在强噪声环境中很好地提取有效信号的滤波方法。

第 2 节　EMD 方法的基本原理及其在地震勘探信号处理中的应用

STFT、小波变换及前面所描述的 Chirplet 算法都是以傅里叶变换为理论基础的，傅里叶变换理论中表征信号变化的基本量是与时间无关的频率，基本的时域信号是平稳简谐波信号。这些概念是全局意义上的，因而用它们分析非平稳信号容易产生虚假信号和假频等现象。对于非平稳信号比较直观的分析，采用具有局域性的基本量和基本函数更为合适。1996 年，美国国家宇航员的 Norden E. Huang 等人在对瞬时频率的概念进行深入研究的基础上，创立了 Hilbert-Huang 变换(HHT)，即基于 EMD 的时频分析。

一、EMD 的基本原理

EMD 方法是 HHT 的一部分，该方法从本质上讲是将信号进行平稳化处理的过程，它将任意信号由频率从高到低分解为一系列本征模态函数(Intrinsic mode function，IMF)。这些 IMF 具有不同的尺度特征，表示原信号中不同尺度的波动或趋势。EMD 方法是基于信号自身性质的一种分解方法，即它所使用的是基于数据本身的，因此是自适应的，非常适用于非线性和非平稳过程。

分解得到的 IMF 分量必须满足两个条件：①在整个信号长度上，极值点和过零点的数目必须相等或者至多只相差一个；②在任意时刻，由极大值点定义的上包络和由极小值点定义的下包络的平均值为零，即信号的上下包络关于时间轴对称。这两个条件决定 EMD 方法是利用局部极大值与局部极小值定义的包络来求取均值曲线，即找出信号中所有的局部极大值和局部极小值，并利用三次样条插值函数分别拟合出上下包络，然后求出上下包络的平均值，最后用原信号减去这个平均值就可得到一个 IMF。这个过程就是筛分(sifting)的过程，通过多次筛分可以得到多个 IMF 及一个残量。

上、下包络的均值定义为 m_1，而原始信号 $s(t)$ 与 m_1 的差值被定义为分量 h_1，即有如下等式：

$$s(t) - m_1 = h_1 \tag{3-10}$$

第二次的筛分中，将分量 h_1 当作待处理数据，通过拟合其上下包络并求取平均值 m_{11} 进而得到第二个 IMF：

$$h_1 - m_{11} = h_{11} \tag{3-11}$$

依次类推，将这个过程重复 k 次：

$$h_{k-1} - m_{1k} = h_{1k} \tag{3-12}$$

直到 h_{1k} 是一个单调函数或者是一个常数，就可结束这个过程。过多地重复该处理过程会导致分解出来的 IMF 变成纯粹的调频信号，而其幅值是恒定的。因此，为了保证 IMF 能足够反映实际的物理特性，即包括其幅值和调频性质，必须为筛分过程确定一个停止准则。该准则可以通过限制标准差的大小来实现。标准差记为 S_d，通过前后两个连续的处理结果来计算得出：

$$S_d = \sum_{t=0}^{T} \left[\frac{|h_{1(k-1)}(t) - h_{1k}(t)|^2}{h_{1k}^2(t)} \right] \tag{3-13}$$

在一般情况下，S_d 值为 0.2~0.3。将分解出来的每个 IMF 分量记为 c_i(与分

解过程中的 h 意义相同）；残量记为 r_n，表示分解 n 次、得到 n 个模态分量后的剩余量。那么原信号可表示为：

$$s(t) = \sum_{i=1}^{n} c_i(t) + r_n \qquad (3\text{-}14)$$

式中，这些 IMF 分量中包括噪声主导的模态分量和信号主导的模态分量，我们可以对这些模态分量采取一定的处理手段以达到一定的目的。比如，仿照小波阈值去噪的形式，我们为每个含噪的模态分量设置阈值进行滤波，从而达到去噪的目的。这种方法已经应用于很多种信号的去噪处理中，同样也可用于地震勘探随机噪声的消减方面。

我们进一步可以做信号的 Hilbert 时频谱来观察滤波效果，Hilbert 谱是将得到的每个 IMF 进行 Hilbert 变换，得到每一个 IMF 随时间变化的瞬时频率和振幅，随后求得时间-频率-振幅的三维关系。其计算公式如下：

$$H(\omega, t) = Re \sum_{i=1}^{n} a_i(t) e^{i\int \omega_i(t) dt} \qquad (3\text{-}15)$$

对 Hilbert 谱中的时间变量积分便可得到 Hilbert 边际谱，边际谱定义如下：

$$h(\omega) = \int_0^T H(\omega, t) dt \qquad (3\text{-}16)$$

式中，T 为数据的总长度；ω 为瞬时频率。Hilbert 谱非常适合分析非线性非平稳信号的时频特性，而通常所做的傅里叶频谱对平稳信号的频率特性反映较佳，却对非平稳信号的频率随时间变化的特性表现出能力不足。

二、基于 EMD 的阈值方法压制地震勘探随机噪声的应用

现已有研究者将 EMD 方法应用于勘探地震信号的处理中，对于消减地震勘探资料中的随机噪声，常用 EMD 结合阈值的方法来实现。这种方法先是对原始地震信号进行分解，然后针对分解出来的分量做相关程度的判断，对需要进行滤波的分量选取合适的阈值进行处理，以达到去除噪声的目的。

基本的阈值方法有硬阈值、软阈值、软硬折中阈值，在这些阈值方法的基础上又发展起来一些改进的阈值方法。由于 EMD 是基于尺度分解的方法，这里我们采用尺度自适应软硬折中阈值（scale-adaptive soft-hard compromise threshold）对判断出来的各个分量进行滤波处理。此种阈值可表示为：

$$\lambda_j = \frac{\sigma_j \sqrt{2 \lg N_j / N_j}}{\lg(j+1)} \qquad (3\text{-}17)$$

式中，$\sigma_j = \dfrac{\text{median}[\text{abs}(c_j) - \text{median}(c_j)]}{0.6745}$，为每一尺度分量中估计出的噪声标准差；$N_j$ 为每一尺度分量的长度，j 为尺度参数。

之所以称这种阈值方法是尺度自适应的，是因为它的取值是随着不同尺度的信号和噪声而进行调整的。另外，采用软硬折中阈值的原因在于，它介于硬阈值和软阈值方法的性能之间，软阈值对信号的保护有帮助，但同时对噪声的消除就有所减弱，而硬阈值对噪声和信号是"一刀切"的功效。那么，对于噪声和信号混淆在一起的部分进行处理时，很可能会将信号成分也"切除掉"。软硬折中阈值可表示为：

$$c_j = \begin{cases} \text{sgn}(c_j)(|c_j|) - \alpha\lambda_j, & |c_j| \geq \lambda_j \\ 0, & |c_j| < \lambda_j \end{cases} \tag{3-18}$$

其中，$0 \leq \alpha \leq 1$。当 $\alpha = 0$ 时，上式为硬阈值表达式；当 $\alpha = 1$ 时，上式为软阈值表达式。那么，当 $0 < \alpha < 1$ 时，为软硬折中阈值。我们可以调整 α 值的大小以得到较理想的滤波结果。对于平稳的白噪声环境，采用 EMD 结合阈值的方法可以很好地压制噪声，使得有效信号得到增强。但是如果噪声分布得很不均匀，且有幅值非常大的脉冲噪声或块状噪声存在，即使采用阈值方法也不能达到理想的去噪效果。此时，我们引入循环平移不变量（Translation Invariant，TI）来辅助阈值方法以更有效地压制强噪声。简单来讲，TI 方法对于信号处理过程中出现的不连续现象的改善作用非常明显，常常用于压制信号处理中产生的伪吉普斯（pseudo Gibbs）效应。TI 的原理公式为：

$$\overline{T}[x; (S_h)_{h \in H_n}] = \text{Ave}_{h \in H_n} S_{-h}[T(S_h x)] \tag{3-19}$$

式中，S_h 为循环平移算子；S_{-h} 为逆平移算子；x 为待平移量。设 $H_n = \{h \mid 0 \leq h < n\}$，$n$ 表示作 n 次循环平移，Ave 表示平均（average）的意思。如果地震记录中的某些部分被强噪声污染而使有效信号被打断或者产生畸变，那么在这些地方波形将很不连续，此时用阈值方法也不能很好地应对。而采用 TI 方法将不连续点进行循环平移来减弱其带来的不连续性，然后采用阈值方法进行滤波，将会取得较为理想的去噪效果。

下面我们通过对模拟地震信号和实际地震数据的实验来观察该方法的去噪效果。采用含有两个雷克子波的信号进行实验，设这两个雷克子波的主频分别为 $f_1 = 50\text{Hz}$，$f_2 = 30\text{Hz}$，采样点数为 $N = 512$，信噪比 $SNR = 0\text{dB}$。那么去噪前后的波形对比和频谱比较图如图 3-6 所示。

从图 3-6 可以看出，基于 EMD 的阈值方法滤波后的信号与原始纯净信号的波形较为贴近。高频随机噪声被较好地压制，在频谱上表现为高频部分较为平坦，原先由高频噪声引起的尖峰现已变得比较平滑。

对图 3-6 中原始含噪信号经 EMD 后所得到的各分量及残量如图 3-7 所示。

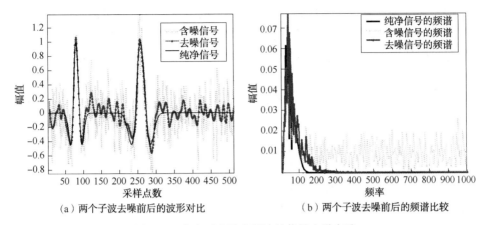

（a）两个子波去噪前后的波形对比　　　　（b）两个子波去噪前后的频谱比较

图 3-6　含有两个雷克子波的信号去噪实验

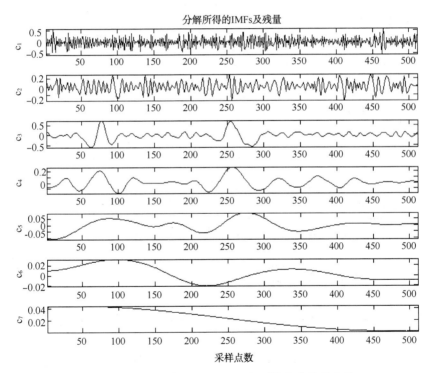

图 3-7　原始含噪信号经 EMD 后得到的各分量及残量

从图 3-7 中可以看出，第一个被分解出来的模态分量频率最高，接下来的模态分量的频率依次降低，但不是说高频分量就是纯噪声模态，较低频分量就是纯信号模态，而是出现高频分量中混杂有较低频成分、较低频分量中含有高频成分的现象，这种现象是由 EMD 方法本身存在的"模态混叠"问题而导致的。简言之，模态混叠现象就是每个模态不一定是单一的频率成分，有可能混淆有多种频率成分的现象。因此，不能直接将高频分量丢弃，需采用合适的滤波手段进行处理以尽可能地保留信号的有效成分。我们对分解出来的模态分量根据下列公式进行自相关度计算：

$$R_i(\tau) = E\left[c_i(t)c_i(t+\tau)\right] \tag{3-20}$$

$$\rho_i(\tau) = \frac{R_i(\tau)}{R_i(0)} \tag{3-21}$$

式中，τ 为时延；R_i 为信号的自相关；ρ_i 为归一化自相关。因为随机噪声的自相关程度很弱，而信号的自相关程度就比较强，据此我们可以选出需要进行滤波的分量，继而采用阈值方法进行处理。

原含噪信号经 EMD 后的各分量的自相关度图如图 3-8 所示。

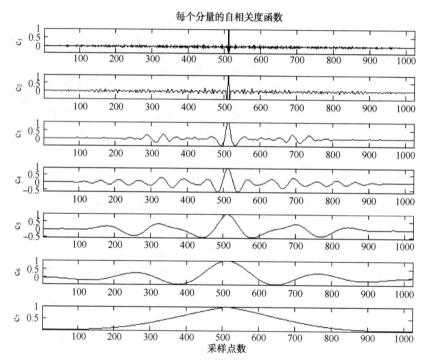

图 3-8　原始含噪信号经 EMD 后得到的各分量及残量的自相关度

可以看出，从第三个分量开始，以后的各个分量都表现出较强的自相关度，可以判断为信号主导模态，那么我们仅对前两个分量进行阈值去噪就可以了。每个信号所处的噪声环境可能不同，受噪声污染的程度也会不同，那么所选出的需要进行滤波的分量个数就需要进行相应的调整，具体情况具体对待。

我们给出去噪前后的 Hilbert 时频谱图，见图 3-9。

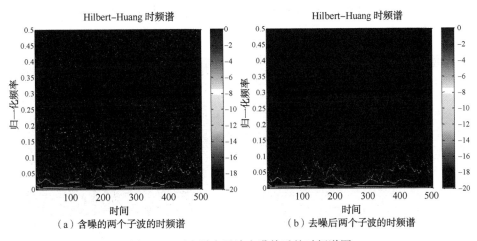

图 3-9 两个雷克子波去噪前后的时频谱图

从 Hilbert 谱图中可以看出，原始含噪信号时频谱的上方存在着许多杂乱无章的能量分布，这些就是随机噪声的能量分布。而经过滤波后的时频谱的上方，这些能量分布被大幅度地去除掉了，只剩下下方以信号能量为主的分布。

另外，我们对一个含有三个交叉同相轴的模拟地震记录进行实验。设构成三个同相轴的雷克子波主频分别为 35Hz、30Hz 和 25Hz，波速分别为 1900m/s、2200m/s 和 2400m/s，道间距为 30m，整个记录共有 80 道地震波，每道波形有 1600 个采样点，采样频率为 1000Hz。对其加入 WGN 使得整个记录的 SNR 为 0dB。分别采用 EMD 结合尺度自适应软硬折中阈值方法和 db5 小波软阈值方法对该记录进行滤波，实验结果如图 3-10 所示。

从图 3-10 所示的实验结果可以看出，基于 EMD 的自适应阈值方法与小波软阈值方法均可以对原始含噪记录进行有效的去噪处理，但是前者的去噪效果略优于后者。计算去噪后整个记录的 SNR 分别为 10.0859dB 和 8.0186dB，较之于原始含噪记录的 SNR 分别提高大约 10dB 和 8dB；MSE 分别为 0.0019 和 0.0030，较之于原始含噪记录的 MSE(0.0195) 均减小很多。从 SNR 和 MSE 这两个指标综合比较二者，基于 EMD 的自适应阈值方法要更优一些。已有一些作者通过对其他信号的实验对比过这两种方法的滤波性能并且给出了相同的结论。我们从图 3-10 所示的 4 个记录中各抽取出一道波形进行对比，观察两种方法去噪后的信号波形并分析各自的优缺点，如图 3-11 所示。

从单道波形对比图来看，基于 EMD 的自适应阈值方法对随机噪声的压制效果稍强于小波软阈值方法，但是在有效波形的恢复方面，二者能力相差不多。特别是在有效信号的波峰波谷处，两种方法的恢复效果各有优劣。虽然小波阈值方法会使滤波后的信号在波峰波谷处出现较大的偏离，但是 EMD 阈值方法也会出现这种问题。

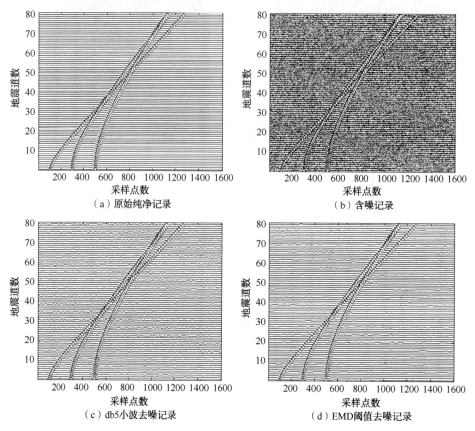

图 3-10　含有三个同相轴的、SNR 为 0dB 的模拟地震记录实验

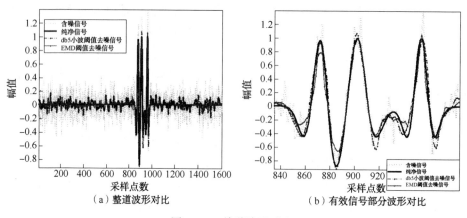

图 3-11　单道波形对比

下面我们对上述实验中不含噪的模拟地震记录加入更强的 WGN，使得整个记录的信噪比达到-5dB，以此来检验 EMD 阈值方法在强噪声环境中的去噪性能。实验结果如图 3-12 所示。

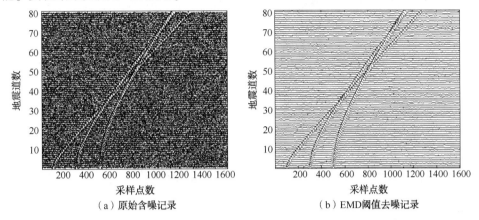

（a）原始含噪记录　　　　　　　　　　（b）EMD阈值去噪记录

图 3-12　含有三个交叉同相轴的、SNR 为-5dB 的模拟地震记录实验

可以看出，基于 EMD 的自适应阈值方法对于低信噪比的地震记录仍然有效，但是从滤波后的记录可以发现该方法恢复出的反射同相轴不够清晰、连续，说明该方法对受到较强随机噪声干扰的地震记录已经表现出滤波能力上的欠缺。

接着，我们对实际地震数据进行处理。首先，从一个共炮点记录中截取出一部分受块状噪声污染的记录，可以看到该记录中有 3 处受到块状强噪声的污染而使有效地震波被湮没、打断。我们先采用基于 EMD 的阈值方法进行去噪处理，然后采用基于 EMD 的 TI 阈值方法处理。两种方法去噪前后的效果对比如图 3-13、图 3-14 所示。

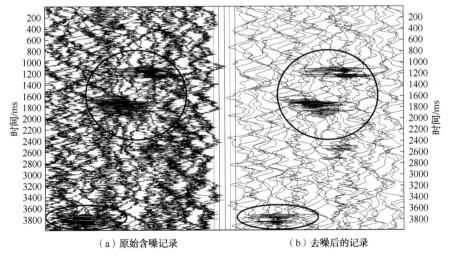

（a）原始含噪记录　　　　　　　　　　（b）去噪后的记录

图 3-13　采用 EMD 阈值方法对实际地震记录去噪前后的效果图

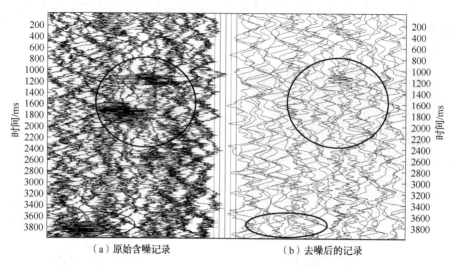

（a）原始含噪记录   （b）去噪后的记录

图 3-14　采用 EMD TI 阈值方法对实际地震记录去噪前后的效果图

从上面两幅对比图可以看出，对于受块状强噪声污染的地震记录，基于 EMD 的 TI 阈值方法能够很好地去除这些噪声，使有效的地震信号显露出来。我们将实验结果中效果明显的区域用椭圆框标记出来以示说明。地震记录中由于受到强噪声污染而被干扰乃至截断的地震信号产生了不连续性，TI 方法能够很好地应对这种不连续现象，然后采用软硬折中自适应阈值方法进行滤波处理，从而能够达到良好的去噪效果。而没有 TI 辅助的 EMD 阈值方法对于此类噪声则显得能力欠缺，仍有大量强噪声残留在滤波后的记录当中。如果想达到较为理想的去噪效果，就得设置较大的阈值。与此同时，有效地震波也会有所损失，这将不是我们想得到的结果。

最后，我们对一个实际共炮点记录采用基于 EMD 的 TI 阈值方法进行滤波处理。该记录来自中国某油田，为 4ms 采样，共有 168 道，每道大约 6000 点。记录中含有多种随机噪声，其中有两处噪声较强的区域用白色矩形框标记出来，一处表现为斑状噪声，一处为幅值很大的竖条状噪声，它们对有效反射同相轴均造成了截断和湮没。滤波前后的对比图如图 3-15 所示。

图 3-15(b) 中用矩形框标记出来的部分去噪效果非常明显，有效反射同相轴也清晰可见。从而再次验证了基于 EMD 的 TI 阈值方法对于去除地震记录中非均匀分布的强噪声具有很大的优势。但是该方法仍局限在一维滤波的范畴，对于同相轴连续性的提高能力仍然有限。

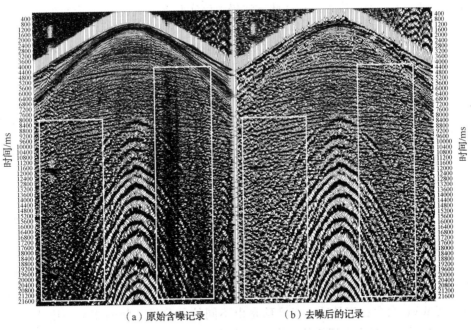

（a）原始含噪记录　　　　　　　　（b）去噪后的记录

图 3-15　实际共炮点记录去噪前后效果图

第 3 节　TFPF 方法的基本原理及其
压制地震勘探随机噪声的应用

理论上，可将信号分为平稳和非平稳两大类。长期以来，人们将许多非平稳信号都简化为平稳信号来处理，平稳信号分析与处理的理论和技术已得到充分的发展和广泛的应用。但严格地讲，许多实际信号都是非平稳信号，处理平稳信号的方法不是很适用于此类信号，从而取得的效果也非常有限。例如维纳滤波是一种非常适用于处理平稳信号的方法，而地震勘探信号是一种非常典型的非线性、非平稳信号，那么原始的维纳滤波方法就不能很好地跟踪此类信号的变化趋势，因而也不能很好地进行滤波处理。虽然近些年来人们对维纳滤波方法进行了改进，但是信号处理的研究重点还是转向了适用于非平稳信号的处理方法，这些方法逐渐受到重视并迅猛发展起来。近年来，非平稳信号处理的一个重要分支——时频分析已得到广泛的研究和发展，并投入到很多领域的应用当中。基于 WVD 分布的时频峰值滤波（TFPF）方法就是时频分析方法中的佼佼者，最初是由 B. Boashash 等人研究并应用于新生儿脑电信号的滤波处理中。自 2005 年始，该方法被吉林大学现代信号处理实验室深入研究并应用于地震勘探随机噪声的压制方面并取得了显著的成果。现在此方法仍由该实验室的人员进行不断改进以期取得更好的随机噪声消减效果。

一、TFPF 的基本原理

WVD 分布是 Cohen 类双线性时频分布中的一种。物理学家 E. P. Wigner 于 1932 年在量子力学中提出了 Wigner 分布，由 Ville 于 1947 年将其引入到信号处理领域中，从而发展成为现在仍在广泛研究的、具有代表性的时频分布。

信号 $s(t)$ 通过 Hilbert 变换后的解析形式记为 $z(t) = s(t) + jH[s(t)]$，$z(t)$ 的 WVD 可表示为：

$$W_z(t, f) = \int_{-\infty}^{+\infty} z\left(t + \frac{\tau}{2}\right) z^*\left(t - \frac{\tau}{2}\right) e^{-j2\pi f\tau} d\tau \qquad (3-22)$$

在 WVD 中，不含有任何窗函数，因此避免了线性时频分布中时间分辨率和频率分辨率的互相牵制。人们普遍认为，在基本的时频分布中，WVD 的时频分辨率是最好的，其时间带宽积可达到不确定原理的下界。当信号中有多个分量时，其 WVD 会存在交叉项。交叉项是由不同信号分量之间的相互作用造成的，严重影响了信号时变谱规律的分辨性能和可解释性，对分布中自主项的识别造成干扰。由于地震勘探信号可看作是单分量信号，其解析信号的 WVD 分布中不存在交叉项，但是由于它的非线性和非平稳性，在滤波处理中需要满足 TFPF 局部线性化的要求，因此我们得采用加窗的 WVD，即伪 WVD 分布（PWVD）来完成滤波。信号 $s(t)$ 解析后记为 $z(t)$，其 PWVD 为：

$$\text{PWVD}_z(t, f) = \int_{-\infty}^{+\infty} h(\tau) z\left(t + \frac{\tau}{2}\right) z^*\left(t - \frac{\tau}{2}\right) e^{-j2\pi f\tau} \qquad (3-23)$$

这里的窗函数 $h(\tau)$ 可以是各种类型的窗。在一般情况下，我们在实验中选用矩形窗，这种窗函数比较简单，且更能突显出算法本身的滤波能力。

TFPF 方法的实质是基于 WVD 的瞬时频率（instantaneous frequency，IF）估计。一个含噪信号可以表示为：

$$s(t) = x(t) + n(t) \qquad (3-24)$$

式中，$s(t)$ 为含噪信号；$x(t)$ 为有效信号；$n(t)$ 为加性随机噪声。我们滤波的目的就是从含噪信号 $s(t)$ 中恢复出有效信号 $x(t)$，同时也就达到了去除噪声 $n(t)$ 的目的。

首先，对含噪信号进行频率调制，将其变为解析信号的形式：

$$z_s(t) = e^{j2\pi\mu\int_0^t s(\lambda) d\lambda} \qquad (3-25)$$

然后计算 $z_s(t)$ 的 WVD。前文提到过，对于非线性非平稳的信号来说，需计算其解析信号的 PWVD。最后，依照最大似然估计的原理寻找时频分布的峰值，从而得到解析信号的瞬时频率估值，即可得到原始有效信号的幅值估计：

$$\hat{f}_z(t) = \frac{\underset{f}{\mathrm{argmax}}\left[\,W_{z_s}(t,\,f)\,\right]}{\mu} \tag{3-26}$$

对于湮没于高斯白噪声(white Gaussian Noise, WGN)环境中的、为时间的线性函数的信号，TFPF 方法可得到有效信号 $x(t)$ 的无偏估计。首先考虑 WGN 的影响，根据 WVD 的定义得到：

$$E\{W_{zs}(t,\,f)\} = \int_{-\infty}^{+\infty} z_x\left(t+\frac{\tau}{2}\right)z_x^*\left(t-\frac{\tau}{2}\right)E\left[z_n\left(t+\frac{\tau}{2}\right)z_n\left(t-\frac{\tau}{2}\right)\right]\mathrm{e}^{-j2\pi f\tau}\mathrm{d}\tau \tag{3-27}$$

其中，

$$E\left[z_n\left(t+\frac{\tau}{2}\right)z_n^*\left(t-\frac{\tau}{2}\right)\right] = E\left[\mathrm{e}^{j2\pi\mu\int_{t-\frac{\tau}{2}}^{t+\frac{\tau}{2}}n(\lambda)\mathrm{d}\lambda}\right] = \Phi_q(t,\,\tau,\,\mu) \tag{3-28}$$

对上式做傅里叶变换得到：

$$E[W_{z_n}(t,\,f)] = \frac{4\pi^2 k_{n2}\mu^2 T}{(2\pi^2 k_{n2}\mu^2 T)^2 + (2\pi f)^2} \tag{3-29}$$

式中，$W_{z_n}(t,\,f)$ 为白噪声的 WVD 谱；k_{n2} 为白噪声的二阶累积量；T 为信号持续的时间。式(3-29)表明，WGN 的 WVD 谱在频率为 0Hz 时达到最大。因此，WGN 不会使 TFPF 的 IF 估计产生偏差。

其次，考虑信号是否线性对 IF 估计的影响。

信号 $s(t)$ 的解析信号 $z(t)$，其双线性表示的乘积：

$$z_s\left(t+\frac{\tau}{2}\right)z_s^*\left(t-\frac{\tau}{2}\right) = \mathrm{e}^{j2\pi\mu\int_{t-\frac{\tau}{2}}^{t+\frac{\tau}{2}}[x(\lambda)+n(\lambda)]\mathrm{d}\lambda} \tag{3-30}$$

对上式求数学期望，我们得到：

$$E\left[z_s\left(t+\frac{\tau}{2}\right)z_s^*\left(t-\frac{\tau}{2}\right)\right] = \mathrm{e}^{j2\pi\mu\int_{t-\frac{\tau}{2}}^{t+\frac{\tau}{2}}x(\lambda)\mathrm{d}\lambda}\Phi_q(t,\,\tau,\,\mu) \tag{3-31}$$

考虑到平稳 WGN 过程的三阶及三阶以上的累积量为零，并且当噪声过程具有零均值时，上式可化简为：

$$E\left[z_s\left(t+\frac{\tau}{2}\right)z_s^*\left(t-\frac{\tau}{2}\right)\right] = \mathrm{e}^{j2\pi\mu\int_{t-\frac{\tau}{2}}^{t+\frac{\tau}{2}}x(\lambda)\mathrm{d}\lambda}\mathrm{e}^{-2\pi^2\mu^2 T|\tau|k_{n2}} \tag{3-32}$$

对上式两端做傅里叶变换，得到：

$$E[W_{z_s}(t,\,f)] = W_{z_x}(t,\,f) *_{\mathrm{f}} \frac{4\pi^2 k_{n2}\mu^2 T}{(2\pi^2 k_{n2}\mu^2 T)^2 + (2\pi f)^2} \tag{3-33}$$

假设 $\underset{f}{\mathrm{argmax}}E[W_z(t,\,f)] = E[\underset{f}{\mathrm{argmax}}W_z(t,\,f)]$，则信号估计的偏差可表示为：

$$B(t) = \underset{f}{\operatorname{argmax}} \left| \left(W_{z_x}(t,\,f) *_f \frac{4\pi^2 k_{n2}\mu^2}{(2\pi^2 k_{n2}\mu^2)^2 + (2\pi f)^2} \right) \right| - x(t) \qquad (3\text{-}34)$$

此式表明,利用 $W_{z_s}(t,\,f)$ 的峰值估计 IF 时误差只来源于 $W_{z_x}(t,\,f)$。此时,假设信号是时间的线性函数,即 $s(t) = \alpha t + C$,其中,α 和 C 是常数。将其代入式(3-34)可得:

$$B(t) = \underset{f}{\operatorname{argmax}} \left\{ \delta[f - \mu x(t)] *_f \frac{4\pi^2 k_{n2}T\mu^2}{(2\pi^2 k_{n2}T\mu^2)^2 + (2\pi f)^2} \right\} - x(t)$$

$$= \underset{f}{\operatorname{argmax}} \left\{ \frac{4\pi^2 k_{n2}T\mu^2}{(2\pi^2 k_{n2}T\mu^2)^2 + [2\pi f - 2\pi\mu x(t)]^2} \right\} - x(t) = 0 \qquad (3\text{-}35)$$

此式说明,信号呈线性也是 TFPF 得到无偏估计的一个前提条件。

实际中的噪声是多种多样的,情况比较复杂,其变化规律不是我们容易掌握的,所以,目前我们减小偏差的关键措施是保证信号的近似线性。实际中的信号大多数是非线性、非平稳的,所以针对这类信号,我们采用 TFPF 方法处理时需要尽可能地满足被滤波信号的局部线性化。那么,前面提到的 PWVD 就是利用窗函数将信号分段从而达到局部线性化的目的。

二、TFPF 方法压制地震勘探随机噪声的应用

TFPF 方法已被吉林大学现代信号处理实验室应用于地震勘探随机噪声的消减中,并取得了丰硕的成果。下面就该方法在地震勘探随机噪声消减方面的应用进行介绍并对实验结果进行分析。

我们先通过对模拟地震信号的实验来验证该算法的性能。选取雷克子波来模拟地震信号。由于 TFPF 方法中调频因子 μ 对算法的影响很大,所以我们先分析 μ 对滤波结果的影响。下面是对一个主频为 30Hz、采样点数为 512 的含噪雷克子波进行 TFPF 处理的结果,首先选取较小的调频因子,设 $\mu = 0.1$,然后选取较大的调频因子,设 $\mu = 0.9$。仿真效果图如图 3-16 所示。

从图 3-16 中可以看出,当调频因子选取不同时,滤波结果也存在差异。可以将图 3-16 中的信号波形进行局部放大使得这些差异看得更清楚。局部波形比较如图 3-17 所示。

可以明显地看出,当调频因子的取值很小时,TFPF 处理后的波形呈现出锯齿波现象;而当取值较大时,波形则相对光滑,但波形有变得尖锐的趋势。在一般情况下,μ 的取值为 $0\sim1$,但在此范围内不宜取小值或大值,应尽量取中间值,尽量避免使滤波后的信号产生畸变而失真。

另外,TFPF 方法中窗长的选取对滤波效果也有非常重要的影响。文献中给

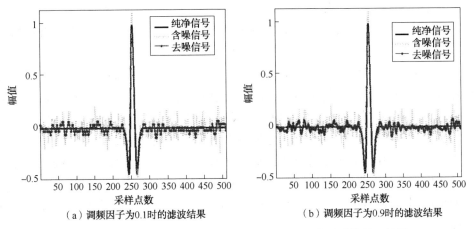

（a）调频因子为0.1时的滤波结果　　　　　（b）调频因子为0.9时的滤波结果

图 3-16　不同调频因子的 TFPF 对同一个含噪雷克子波的处理结果

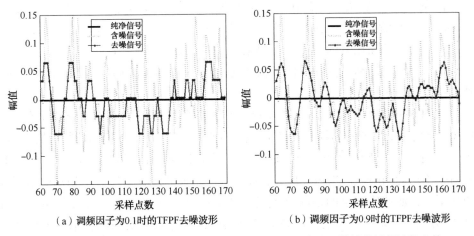

（a）调频因子为0.1时的TFPF去噪波形　　　　　（b）调频因子为0.9时的TFPF去噪波形

图 3-17　不同调频因子的 TFPF 对同一个含噪雷克子波处理结果的局部波形比较

出了 TFPF 的窗长参考公式：$1 \leqslant \tau_w \leqslant \dfrac{0.634f_s}{\pi f_p}$（偏差 $\xi = 0.05$）及 $1 \leqslant \tau_w \leqslant$

$\dfrac{1.28f_s}{\pi f_p}$（偏差 $\xi = 0.2$）。其中，f_s 为采样频率；f_p 为信号的瞬时频率，一般为常数值的频率。据此公式，吉林大学现代信号处理实验室的研究者们总结出来一个适用于地震勘探信号处理的窗长公式：

$$WL = \frac{0.384f_s}{f_d} \qquad (3-36)$$

同样，f_s 为采样频率，这里 f_p 为地震信号的主频。这个窗长公式能够使得 TFPF 对地震勘探信号的处理在随机噪声消减和有效信号保护两方面达到一个较好的权衡。

TFPF 最大的优势在于，它能够对湮没于强噪声环境中的信号进行有效的恢复提取，使有效信号得到增强，该方法能够在信噪比低至-9dB 的情况下仍然有效。在实际地震数据中，噪声不是均匀分布的，不是简单的高斯白噪声环境，常常在局部区域有非常强的随机噪声干扰。此时，TFPF 方法也能够对这些随机噪声进行有效压制，但是对于被强噪声湮没的反射同相轴的恢复效力就比较弱了。使用传统的 TFPF 方法对地震数据进行处理，是沿着地震道方向进行滤波的，可看作是一维 TFPF。此种滤波方式已被验证对于压制地震数据中的随机噪声是普遍适用的，但是在强噪声环境中，虽然能够恢复出有效地震波，但是受强噪声干扰的反射同相轴不够连续。下面对模拟地震记录进行实验来验证该方法的滤波性能。

我们模拟一个含有两个双曲同相轴的 100 道地震记录，组成两个同相轴的雷克子波的主频分别为 $f_1 = 35\text{Hz}$，$f_2 = 30\text{Hz}$，层速度分别为 $v_1 = 2200\text{m/s}$，$v_2 = 2500\text{m/s}$。道间距为 $dx = 20\text{m}$，采样频率为 $f_s = 1000\text{Hz}$。先给该记录加入均匀的高斯白噪声使其信噪比大约为-9dB，然后对加噪记录进行 TFPF 处理。其次，给该记录加入不均匀的高斯白噪声使得信噪比也大约为-9dB，同样进行 TFPF 处理。滤波结果如图 3-18 所示。

从图 3-18 所示的实验效果来看，虽然两个加噪记录的信噪比都大约为-9dB，但是对于均匀的高斯白噪声环境，TFPF 能够很好地将反射同相轴恢复出来，且同相轴的清晰度和连续性较好，滤波后记录的信噪比提高至 1.0512dB。而对于不均匀的高斯白噪声环境，在噪声强度很大的地方，反射同相轴的连续性明显不好，滤波后记录的信噪比提高至 0.9629dB。由此，我们可以知道，一维 TFPF 方法对于随机噪声的压制是非常有效的，但是对于增强同相轴的连续性方面作用一般，特别是对于被强噪声打断或者湮没的同相轴，一维 TFPF 方法显得能力不足。为了说明这一点，我们再选取一块被强噪声污染的实际地震记录进行处理，观察实验效果。

我们从一个 0.001s 采样，共 168 道的实际共炮点地震记录中截取出 4000 点进行窗长为 9 的 TFPF 处理，处理效果如图 3-19 所示。

从图 3-19 中可以看出，对于实际地震记录中受强噪声污染的同相轴，一维 TFPF 的恢复力度非常有限，在滤波后的记录中仍然有强噪声残留，且同相轴的连续性也没有得到很好的改善。图中用白色矩形框将噪声残留处标记了出来，可以看到，一束很明显的噪声仍然残留在滤波后的记录中且对同相轴造成了较为严重的污染。

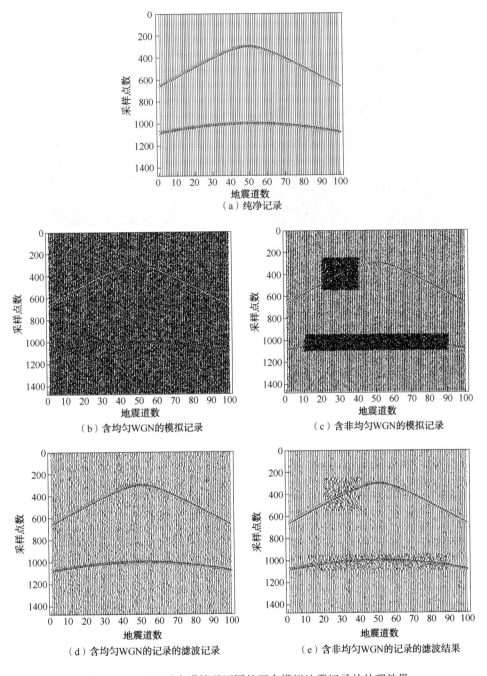

（a）纯净记录

（b）含均匀WGN的模拟记录

（c）含非均匀WGN的模拟记录

（d）含均匀WGN的记录的滤波记录

（e）含非均匀WGN的记录的滤波结果

图 3-18　TFPF 对含噪情况不同的两个模拟地震记录的处理效果

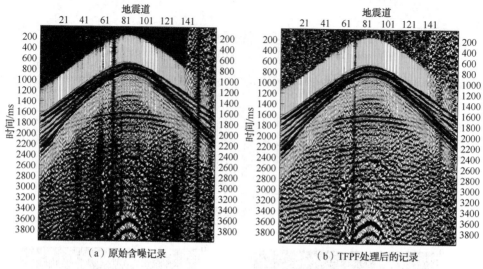

（a）原始含噪记录   （b）TFPF处理后的记录

图 3-19 TFPF 对含强噪声的实际共炮点记录的处理效果

第4章 TFPF 的一维滤波改进方法
压制地震勘探随机噪声

针对 TFPF 方法中由于窗长的选择所带来的信号幅值保持和随机噪声压制两方面的矛盾：长窗长能够很好地压制随机噪声，但是使有效信号的幅值衰减很大；短窗长能够很好地保护有效信号的幅值，但是在随机噪声压制方面的力度不够。鉴于此，我们提出一种能够灵活选择 TFPF 的窗长对含噪信号进行滤波，从而在信号幅值保持和随机噪声压制之间达到一个较好的权衡的方案，这就是基于 EMD 的 TFPF 方法。先利用 EMD 的分解特性将原始含噪信号进行分解，得到一系列 IMF 分量，然后对需要进行滤波的模态分量依次计算互相关系数。因为噪声（随机噪声）主导模态之间的互相关系数会很小，噪声主导模态和信号主导模态之间的互相关系数也很小，只有信号主导模态之间的互相关系数比较大。因此，对不同的模态分量采用不同窗长的 TFPF 进行处理，最后将处理后的分量和剩余分量相加得到最终的滤波信号。

第1节 EMD–TFPF 方法原理

基于 EMD 的 TFPF 方法，首先是采用 EMD 方法对原始含噪信号进行尺度分解，得到一系列本征模态分量，最先分解出来的是最高频分量，一般为随机噪声主导的模态分量，下面依次是频率递减的模态分量，逐渐出现信号主导的模态分量，最后是分解所得的残量。由于 EMD 方法本身存在一个缺点——"模态混叠"效应，也就是说，分解出来的模态分量不是纯噪声模态或者是纯信号模态，有可能是信号成分和噪声成分都存在的模态。这样，就不能直接将噪声主导模态完全丢弃掉，或者直接将信号主导模态保留，但也不是对每个模态都进行滤波处理，如果对纯有效信号的模态还进行滤波，那么势必造成有效信号的衰减。因此，就必须对需要进行滤波处理的模态进行判断，通过计算各模态间的互相关系数来判断混叠模态和纯信号模态的分界模态。在一般情况下，如果两个模态间的互相关系数从一个较大的值往后都比较稳定，那么这个值就可看作是模态分界的阈值，自这两个模态中后者模态开始就可判断为纯信号模态而不需要进行滤波处理。然后对其之前的模态选用不同窗长的 TFPF 进行滤波处理，最后将处理后的模态和剩余模态相加以得到最终的滤波结果。

根据 EMD 的原理式(3-14)和 TFPF 的原理式(3-25)和式(3-26)，我们很容易实现 EMD-TFPF 方法的滤波，具体步骤如下。

首先，通过计算各个模态间的互相关系数判断出需要进行滤波处理的模态分量，其参考公式为：

$$r_{c_i c_{i+1}} = \frac{\sum_{j=1}^{N} (c_{ij} - \bar{c}_i)(c_{i+1j} - \bar{c}_{i+1})}{\sqrt{\sum_{j=1}^{N} (c_{ij} - \bar{c}_i)^2} \sqrt{\sum_{j=1}^{N} (c_{i+1j} - \bar{c}_{i+1})^2}} \tag{4-1}$$

其次，对判断出的模态进行调频，得到解析信号：

$$z_{c_i}(t) = e^{j2\pi\mu \int_0^t c_i(\lambda)\,d\lambda} \tag{4-2}$$

再次，计算解析信号的 PWVD 时频谱：

$$PW_{z_{c_i}}(t, f) = \int_{-\infty}^{\infty} h(\tau) z_{c_i}\left(t + \frac{\tau}{2}\right) z_{c_i}^*\left(t - \frac{\tau}{2}\right) e^{-j2\pi f\tau}\,d\tau \tag{4-3}$$

最后，对各个解析信号的时频分布进行瞬时频率估计：

$$\hat{x}_{c_i}(t) = \hat{f}_{z_{c_i}}(t) = \frac{\underset{f}{argmax}\left[PW_{z_{c_i}}(t, f)\right]}{\mu} \tag{4-4}$$

由此得到各个模态中有效信号成分的估计值，最后将这些估计值和剩余模态相加得到 EMD-TFPF 处理的最终结果。

第 2 节　EMD-TFPF 方法压制地震勘探随机噪声的应用

为了使得 TFPF 方法对地震数据的处理效果更好，特别是对有效地震信号的幅值保持有所改善，我们先从理论角度对传统的 TFPF 方法提出了改进方案，即利用 EMD 辅助 TFPF 实现变窗长滤波处理。下面通过对模拟地震信号和实际地震数据的实验，来验证该方法在随机噪声消减和有效信号幅值保持方面所具有的优势。

一、模拟地震记录实验

首先，我们采用该方法对一个模拟地震信号进行实验。该信号由主频分别为 30Hz 和 25Hz 的两个雷克子波组成，其采样频率为 1000Hz，采样点数为 512。对其加入 WGN，使得信噪比为 15dB。原始含噪信号及 EMD 所得的模态分量如图 4-1所示。

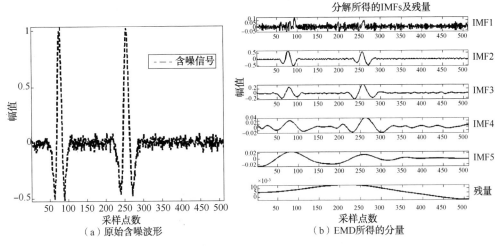

图 4-1 两个含噪的雷克子波分解实验

可以看出，在分解所得的模态分量中，"模态混叠"效应较为明显，高频分量中含有低频有效信号成分，较低频分量中存在高频振荡。因此，我们不能直接丢弃高频模态以达到去除高频随机噪声的目的，采用合理的滤波手段成为信号处理的关键。但也不能对所有模态进行滤波，因为有些模态含有纯信号成分，再对其滤波就会造成有效成分的丢失。因此，我们需要判断出需要进行滤波的模态分量。

对以上分解所得的 IMFs 分量计算互相关系数，如表 4-1 所示。

表 4-1 IMFs 分量与互相关系数

IMFs	互相关系数	IMFs	互相关系数
IMF1 与 IMF2	−0.0168	IMF3 与 IMF4	0.4742
IMF2 与 IMF3	0.5736	IMF4 与 IMF5	0.3057

从表 4-1 中可以看出，从第三个模态开始，互相关系数值较大且趋于稳定，故我们只需对前两个模态进行 TFPF 处理。根据处理地震信号的窗长经验公式计算，传统 TFPF 应选取窗长为 13，那么我们采用 EMD-TFPF 处理第一个分量时也选取窗长为 13，处理第二个分量时选取窗长为 11，处理结果如图 4-2 所示。

从图 4-2 所示的实验结果来看，经 EMD-TFPF 方法处理后，不但随机噪声被较好地压制，而且有效信号的幅值也得到了很好的保持。传统 TFPF 方法处理后的信号幅值衰减了 15.90%，而 EMD-TFPF 方法处理后的信号幅值仅衰减了 8.93%。传统 TFPF 和 EMD-TFPF 处理后的信号的信噪比分别为 15.35dB 和 17.93dB。为了更进一步说明改进算法的优势，我们调整传统 TFPF 的窗长使其滤波后的信号幅值与 EMD-TFPF 处理后的信号幅值相当。经过实验，我们将传统 TFPF 的窗长调整为 11，滤波后的波形对比如图 4-3 所示。

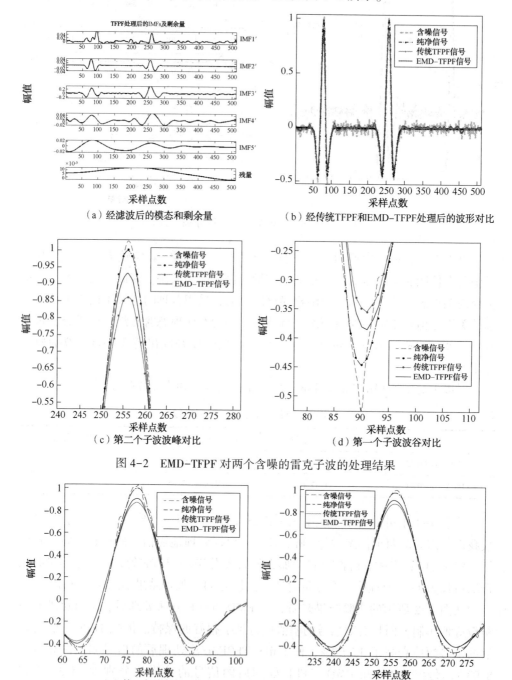

（a）经滤波后的模态和剩余量

（b）经传统TFPF和EMD-TFPF处理后的波形对比

（c）第二个子波波峰对比

（d）第一个子波波谷对比

图 4-2　EMD-TFPF 对两个含噪的雷克子波的处理结果

（a）第一个子波波形对比

（b）第二个子波波形对比

图 4-3　调整传统 TFPF 窗长对含噪的两个雷克子波进行实验

从图 4-3 中可以看出，在通过调整传统 TFPF 的滤波窗长使两种方法滤波后所得信号的幅值相差不大的情况下，我们需将传统 TFPF 的窗长调小使其对有效信号的幅值衰减减小，从而使滤波后的波形中波峰波谷处的幅值与 EMD-TFPF 处理后的波形相当。但是通过观察，经调整窗长后的传统 TFPF 方法在信号幅值保持方面仍然稍逊于 EMD-TFPF 方法。而且在随机噪声消减方面，由于传统 TFPF 的窗长变小而会使随机噪声残留变多，尽管二者滤波后的信噪比均达到 17dB 以上，但传统 TFPF 所得滤波信号的信噪比仍小于 EMD-TFPF 方法。如果再将传统 TFPF 方法的滤波窗长调小，虽然可以使滤波后信号的幅值又有所增加，但噪声残留也会越多，信噪比也将有所下降。也就是说，由于传统 TFPF 方法选用固定窗长进行滤波，因此它在有效信号的幅值保持和随机噪声的压制这两方面均能达到良好效果的能力实在有限。而改进后的方法可以为 TFPF 的窗长选择带来灵活性，不必选取固定窗长进行滤波，而是针对不同频率的信号分量选用不同的窗长进行滤波，因此可以使滤波结果在随机噪声消减和有效信号幅值保持之间达到一个更好的权衡。

接着，我们模拟一个含有两个同相轴的地震记录。构成两个同相轴的雷克子波主频分别为 30Hz 和 25Hz，层速度分别为 1900m/s 和 2100m/s。该记录有 100 道，每道 1615 个采样点，给其加入 WGN 使得整个记录的信噪比大约为 10dB。实验结果如图 4-4 所示。

从图 4-4 中可以看出，**两种方法对随机噪声的去除效果相差不大**，都能有效地压制随机噪声，但是 EMD-TFPF 处理后的记录中有效同相轴的损失较少。由两种方法得到的差记录可以看到，TFPF 的差记录中同相轴残留较多，而 EMD-TFPF 的差记录中同相轴残留较少，说明该方法对于有效信号的保幅具有较大改善。通过计算，传统 TFPF 和 EMD-TFPF 处理后的记录的信噪比分别为 14.26dB 和 15.37dB。

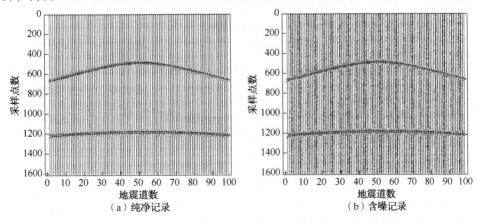

图 4-4　含有两个同相轴的、SNR 为 10dB 的模拟地震记录实验

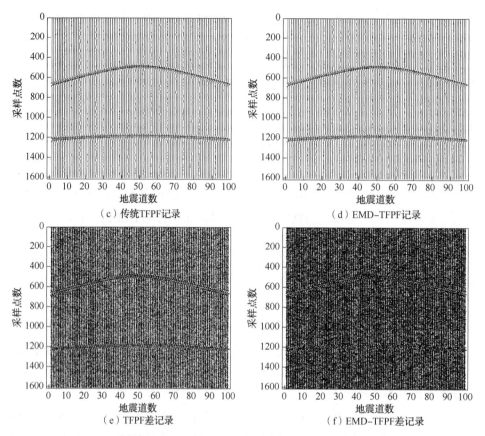

图 4-4　含有两个同相轴的、SNR 为 10dB 的模拟地震记录实验(续)

　　在以上实验中，含噪的模拟地震记录的信噪比较高，下面再做一个信噪比较低的单个同相轴模拟地震记录实验。记录中构成同相轴的雷克子波主频为 30Hz，层速度为 2800m/s。该记录总共有 150 道，每道 1115 个采样点。对其加入 WGN 使得整个记录的信噪比为 5dB。实验效果图如图 4-5 所示。

　　综上所述，我们可以得到与前文同样的结论，即 EMD-TFPF 方法使得有效信号的幅值保持得到了很大的改善。在两种方法的差记录中，TFPF 对同相轴的衰减很大，而 EMD-TFPF 对同相轴的衰减相对较小。计算含噪记录、TFPF 记录及 EMD-TFPF 记录的信噪比和均方误差，数据如表 4-2 所示。

表 4-2　原始含噪记录、TFPF 记录及 EMD-TFPF 记录的信噪比和均方误差

SNR 和 MSE	地震记录		
	原始含噪记录	TFPF 记录	EMD-TFPF 记录
SNR(信噪比)	5.0255	11.7233	11.8041
MSE(均方误差)	0.0028	$6.0152×10^{-4}$	$5.9043×10^{-4}$

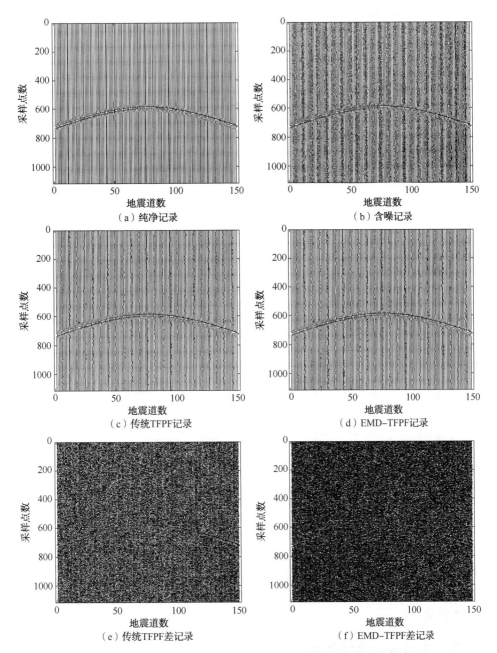

图 4-5 含有单个同相轴的、SNR 为 5dB 的模拟地震记录实验

从表 4-2 中的数据可以看出，EMD-TFPF 记录的信噪比较之于传统 TFPF 记录的信噪比提高幅度要稍大一些，而均方误差较之于后者要小一些，从而定量地验证了 EMD-TFPF 方法的优势。

以上是对整个记录的宏观效果进行了比较，我们还需抽取出单道波形进行观察。从上述实验的模拟地震记录中各抽取出一道波形进行对比，如图4-6所示。

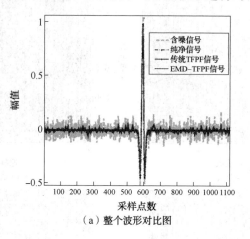

（a）整个波形对比图

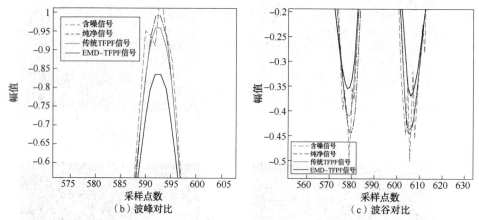

（b）波峰对比　　　　　　　　　　　（c）波谷对比

图4-6　第83道波形对比

从波形对比图可以看出，传统 TFPF 方法和 EMD-TFPF 方法均可有效压制随机噪声，对有效信号进行恢复提取。但是经 EMD-TFPF 处理后的信号在波峰和波谷处均有良好的保幅性能，与理想信号更为贴近，而经传统 TFPF 处理后的信号幅值衰减较大。

二、实际地震数据处理

对实际地震数据的处理更能验证算法的效力。下面先从一个含有 168 道的共炮点记录中截取出 2000 点的部分记录，分别采用传统 TFPF 方法和 EMD-TFPF 方法进行处理。处理结果如图4-7、图4-8所示。

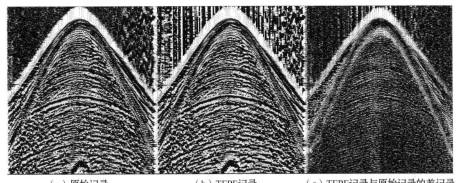

（a）原始记录   （b）TFPF记录   （c）TFPF记录与原始记录的差记录

图 4-7　传统 TFPF 对部分实际记录的处理结果

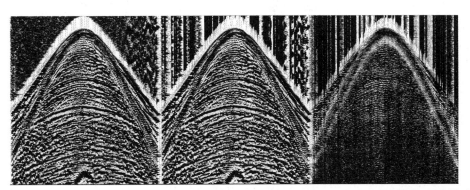

（a）原始记录   （b）EMD-TFPF记录   （c）EMD-TFPF记录与原始记录的差记录

图 4-8　EMD-TFPF 对部分实际记录的处理结果

从图 4-7 和图 4-8 中可以看出，传统 TFPF 与 EMD-TFPF 处理后的记录在视觉上相差不多，但是从差记录可以看出，前者对有效同相轴造成的损失较大，而后者对有效同相轴的衰减较小，由此说明了 EMD-TFPF 在有效信号幅值保持方面具有较大的优势。为了观察得更仔细，我们抽取出记录中的单道波形进行对比，如图 4-9 所示。

从这道波形的对比图可以看出，EMD-TFPF 方法不但可以对有效信号起到保幅作用，而且还能消除 TFPF 本身带来的锯齿波现象。

下面再对一个实际共炮点记录进行处理。该记录共有 168 道，采样间隔为 4ms，每道有 4000 个采样点。同样，分别采用传统 TFPF 方法和 EMD-TFPF 方法对这个记录进行滤波处理，处理结果如图 4-10、图 4-11 所示。

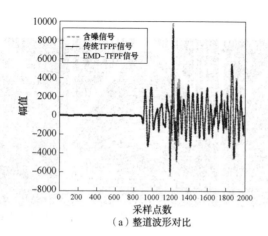

（a）整道波形对比

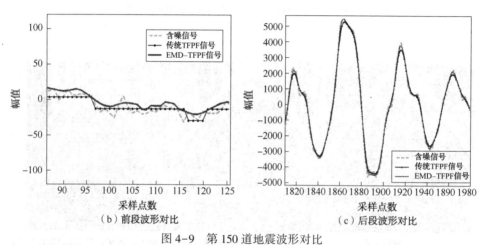

（b）前段波形对比

（c）后段波形对比

图 4-9   第 150 道地震波形对比

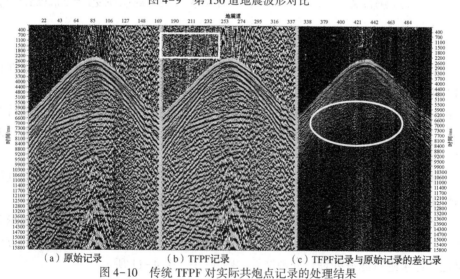

（a）原始记录   （b）TFPF 记录   （c）TFPF 记录与原始记录的差记录

图 4-10   传统 TFPF 对实际共炮点记录的处理结果

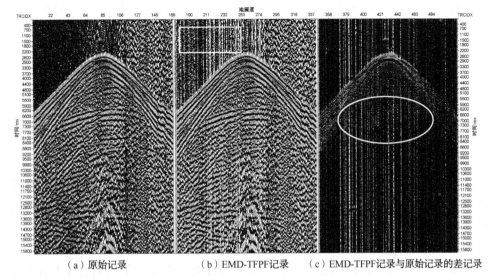

（a）原始记录　　　　　（b）EMD-TFPF记录　　（c）EMD-TFPF记录与原始记录的差记录

图 4-11　EMD-TFPF 对实际共炮点记录的处理结果

　　图中用白色矩形框在两种方法滤波后的记录中所标记出来的部分，从视觉上看 EMD-TFPF 记录中有黑色的竖条出现，而传统 TFPF 记录中则没有。实际情况是，传统 TFPF 记录中出现了锯齿波现象，而 EMD-TFPF 记录中则没有。这些黑色竖条是由于画图软件 Seisee 造成的。用白色椭圆圈在差记录中将传统 TFPF 方法滤波时损失掉的有效同相轴和 EMD-TFPF 差记录中的相应位置标记出来，发现 EMD-TFPF 方法对有效同相轴的损失要小很多。同样，我们从原始记录、传统 TFPF 记录和 EMD-TFPF 记录中各抽取出一道波形进行对比，如图 4-12 所示。

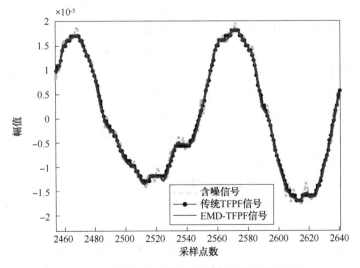

图 4-12　实际记录中抽取的单道波形局部比较图

可以看出，EMD-TFPF 处理后的波形较为光滑，没有传统 TFPF 处理后所存在的锯齿波现象，且避免了传统 TFPF 方法在某些地方过度平滑而造成有效地震波的损失。

第 3 节　形态滤波与 TFPF 的级联滤波方法

由于 TFPF 方法本身的缺点，在随机噪声压制和有效信号保持方面不能做到很好的兼顾。因此，针对该点提出一些有效的改进方案。本章第 2 节中基于 EMD 的 TFPF 方法是在随机噪声压制与有效信号保持方面达到较好权衡的一种改进方案。本节提出一种形态滤波与 TFPF 相结合的改进方案，同样是为了在随机噪声压制与有效信号保持方面得到较好的权衡。

数学形态学诞生于 1964 年，是由法国巴黎矿业学院博士生 Serra 和导师 Matheron，在从事铁矿核的定量岩石学分析及预测其开采价值的研究中提出"击中/击不中变换"，并在理论层面上第一次引入了形态学的表达式，他们的工作奠定了这门学科的理论基础。数学形态学简称形态学，被定义为一种分析空间结构的理论，之所以被称为形态学，是因为其目的在于分析目标的形状和结构。形态学是在积分几何、随机集论、拓扑学和现代代数的基础上建立起来的。最重要的是，它完全基于数学，依据数学形态学集合论方法发展起来，最初用于分析地质或生物标本的图像。

形态学具有丰富的理论框架、高效的计算以及对许多面向形状问题的适用性，都激发了学者们对该学科的关注和研究。到目前为止，它已广泛应用于图像处理，如图像增强、融合、边缘提取及分割等。此外，该方法已应用于轴承故障诊断、心电图信号处理和地震信号处理等领域。

形态滤波理论是由 Matheron 和 Serra 在 20 世纪 80 年代提出的。形态学滤波器是由数学形态学的 4 个基本运算构成的滤波器，这 4 个基本运算包括膨胀(或扩张)、腐蚀(或侵蚀)、开启和闭合。这些数学工具不同于常用的频域或空域方法，它们是分析几何状况和结构的数学方法，采用集合论方法定量描述几何结构，其主要用途是获取物体拓扑和结构信息，通过物体和结构元素相互作用的某些运算，能够直观地得到物体更本质的形态。

形态学算法是解决非线性信号处理问题的有力工具。它根据信号的局部形状特征，通过选择适当的结构元素进行变换，因此可以从背景中提取有效信息并保护物体的主要形状特征。结构元素实际上是一种滤波窗函数，其特征在于其形状，可确定输出波形的大致形态。改变结构元素，则从原始信号中提取出的信息将会有所差异。因此，正确选择结构元素对于形态学滤波非常重要。考虑采用形态学辅助 TFPF 处理地震勘探信号，出发点在于其计算简单、快速，也能很好地适应非线性信号。在此改进方案中，形态学运算的主要作用是从背景噪声中捕获整个有效信号的非线性形态趋势，实际上可以看作是一个预滤波步骤，而 TFPF 的目标是从时频平面上估计瞬时频率的峰值以精细地捕获有效信号的非平稳特性。

一、数学形态学运算及滤波原理

数学形态学中的 4 个基本运算-膨胀、腐蚀、开启和闭合。膨胀运算具有扩大图像的作用，通过该运算可以使图像中的裂缝等得到填补，从而使其恢复完好。腐蚀运算可以收缩图像，消除物体边界点，可以把小于结构元素的物体(毛刺、小凸起)去除，通过选取不同大小的结构元素，就可以在原图像中去掉不同大小的物体。开启运算先是做腐蚀运算然后做膨胀运算，其功能是使图像的轮廓变得光滑，断开狭窄的间断和消除细的突出物。闭合运算先是做膨胀运算然后做腐蚀运算，其功能也是使图像的轮廓变得光滑，但与开启运算相反的是，它能消除狭窄的间断和长细的鸿沟，消除小的孔洞，并填补轮廓线中的裂痕。

形态学的基本思想就是采用具有一定形态的结构元素去度量和提取图像中的对应形状，以达到图像分析和识别的目的。因此，在以上 4 个基本运算中，都要用到一个非常重要的集合——结构元素，构造不同尺寸和形状的结构元素便可得到不同的结果。目前，选取结构元素的形状和尺寸通常是依据经验和估算。设一个采样信号为 $f(n)$，$n = 0, 1, \cdots, N-1$，N 表示采样点数；设 $g(m)$ 为结构元素，$m = 0, 1, \cdots, M-1$，M 表示结构元素的长度，一般情况下，M 远小于 N。那么，$g(m)$ 对 $f(n)$ 的膨胀定义为：

$$(f \oplus g)(n) = \max\{f(n-m) + g(m) \mid (n-m) \in D_f, \; m \in D_g\} \tag{4-5}$$

式中，D_f 和 D_g 分别为 $f(n)$ 和 $g(m)$ 的定义域。$g(m)$ 对 $f(n)$ 的腐蚀定义为：

$$(f \ominus g)(n) = \min\{f(n+m) - g(m) \mid (n+m) \in D_f, \; m \in D_g\} \tag{4-6}$$

综上所述，开启运算定义为：

$$f \circ g = (f \ominus g) \oplus g \tag{4-7}$$

闭合运算定义为：

$$f \cdot g = (f \oplus) g \ominus g \tag{4-8}$$

形态开闭运算是一对对偶变换，在信号去噪处理中，形态开启运算可以抑制信号中的正脉冲噪声，而形态闭合运算可以抑制信号中的负脉冲噪声。由于形态开启、闭合运算存在统计偏倚现象，导致单独使用它们的滤波效果并不是很好，因此通常采用开-闭或闭-开组合滤波方法。

对地震数据进行开启操作，可以滤除小于结构元素的峰值噪声，较好地保留有效信号；对地震数据进行闭合操作，可以滤除小于结构元素的低谷噪声，较好地保留有效信号。为了使滤波结果达到较为理想的程度，需采用对开-闭运算和闭-开运算结果求平均的计算方法，其表达式为：

$$f_{\text{ave}}(n) = \frac{1}{2}\left[f_{OC}(n) + f_{CO}(n)\right] \tag{4-9}$$

二、MTFPF 滤波原理

地震勘探信号是典型的非线性非平稳信号，采用形态学运算辅助 TFPF 处理地震勘探信号，其主旨在于利用形态学运算能够很好地捕捉非线性信号的大致形态，而 TFPF 方法中所采用的 PWVD 分布能够很好地反映非平稳信号的时频特性。因此，采用具有合适结构元素的形态学运算对含噪信号进行预滤波处理，提取出有效信号的大致形态，然后对预滤波后的信号进行短窗长的 TFPF 处理，这样在去噪的同时对有效信号的保留效果将会有所改善。

如前文所设 $s(t)$ 表示含噪地震信号，采用对形态开-闭和闭-开运算取平均可得预滤波后的结果为：

$$s_{\text{MM}}(t) = \frac{1}{2}\left[(s \circ g \cdot g)(t) + (s \cdot g \circ g)(t)\right] \tag{4-10}$$

则离散后的滤波信号表示为 $s_{\text{MM}}(n)$，$n = 0, 1, \cdots, N-1$。在 TFPF 方法中使用 PWVD 前需对信号进行尺度缩放以防止混叠。对 $s_{\text{MM}}(n)$ 进行尺度缩放如下：

$$S_{\text{MMc}}(n) = (a-b)\frac{s_{\text{MM}}(n) - \min\left[s_{\text{MM}}(n)\right]}{\max\left[s_{\text{MM}}(n)\right] - \min\left[s_{\text{MM}}(n)\right]} + b \tag{4-11}$$

式中，参数 a 和 b 满足 $0.5 \geqslant a = \max\left[s_{\text{MMc}}(n)\right] > b = \min\left[s_{\text{MMc}}(n)\right] \geqslant 0$，如此可为后续的信号调频提供合适的频率限制。

然后，对尺度缩放后的信号进行调频：

$$z_{s_{\text{MMc}}}(n) = \exp\left[j2\pi\mu\sum_{\lambda=0}^{n}s_{\text{MMc}}(\lambda)\right] \tag{4-12}$$

再做调频信号的 PWVD：

$$\text{PWVD}_{z_{s_{\text{MMc}}}}(n, \xi) = 2\sum_{l=-\frac{N}{2}+1}^{\frac{N}{2}-1}h(l)z_{s_{\text{MMc}}}(n+l)z_{s_{\text{MMc}}}^{*}(n-l)\mathrm{e}^{-j2\pi\xi l} \tag{4-13}$$

式中，l 为窗函数 $h(l)$ 的宽度；ξ 为离散的频率。接着在所得时频平面上进行峰值估计：

$$\hat{f}_{z_{s_{\text{MMc}}}}(n) = \frac{\operatorname*{argmax}_{\xi}\left[PWVD_{z_{s_{\text{MMc}}}}(n, \xi)\right]}{\mu} \tag{4-14}$$

因在信号解析之前对信号进行了尺度缩放，所以最后需要进行尺度缩放的逆操作：

$$\hat{x}(n) = \frac{\left(\hat{f}_{z_{s_{MMc}}}(n) - b\right)\left\{\max[s_{MM}(n)] - \min[s_{MM}(n)]\right\}}{a - b} + \min[s_{MM}(n)]$$

$$(4-15)$$

如此，完成了形态时频峰值滤波的滤波过程。

第4节　MTFPF 压制地震勘探随机噪声的应用

如前文对滤波方法的验证一样，先是采用模拟地震信号和人工合成记录作为滤波对象，对滤波结果进行定性和定量分析后再处理实际地震数据。

一、模拟地震记录实验

首先，采用雷克子波模拟单道地震信号，加入高斯白噪声使其信噪比为 20dB，分别采用形态滤波、TFPF 和 MTFPF 处理该含噪信号。使用形态滤波进行处理时，针对雷克子波的波形特征选取短的抛物形结构元素处理波峰和波谷部分，选取长的扁平结构元素处理其他部分。由于实际地震信号与雷克子波的形态不同，因此对于实际地震信号不用考虑采用形状差异较大的结构元素进行处理。在此实验中，单独采用形态滤波时，取抛物形结构元素长度为 3 点，扁平结构元素为 23 点；单独使用 TFPF 时，取窗长为 9 点；采用 MTFPF 时，在形态滤波后使用窗长为 5 点的 TFPF 进行级联滤波。3 种滤波方法处理后的效果图如图 4-13 所示。

从图 4-13 中可以看出，形态滤波所得信号波形不够平滑，TFPF 方法在消减随机噪声的同时也使得有效信号损失较多（有效信号的幅值衰减程度较大），MT-FPF 在随机噪声消减和有效信号保持方面均能够达到很好的效果。形态滤波、TFPF 和 MTFPF 3 种滤波方法的处理结果相比，MTFPF 所得信号波形的整体形状最接近理想（不含噪）信号的波形，特别是在波峰和波谷处的效果很明显，图中也将这些部分进行了放大。

对于单个雷克子波的实验测试初步验证了 MTFPF 方法的优越性，接下来将该方法应用于人工合成地震记录，进一步验证方法的滤波性能。首先对含有一个弯曲同相轴的合成记录进行滤波实验。该记录中的同相轴由主频为 25Hz 的雷克子波构成，层速度为 3000m/s，共有 30 道。对此人工记录加入高斯白噪声使整个记录的信噪比为 10dB。分别采用 TFPF 和 MTFPF 两种方法对该记录进行滤波处理。在该实验中，选取 TFPF 方法的窗长为 9 点；选取 MTFPF 方法中结构元素长度为 3 点，TFPF 窗长为 5 点。不含噪记录、含噪记录和滤波后的记录如图 4-14 所示。

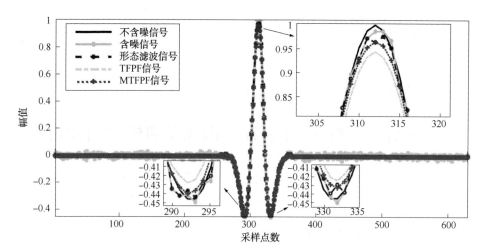

图 4-13　形态滤波、TFPF 和 MTFPF 方法对信噪比为 20dB 的雷克子波的滤波结果

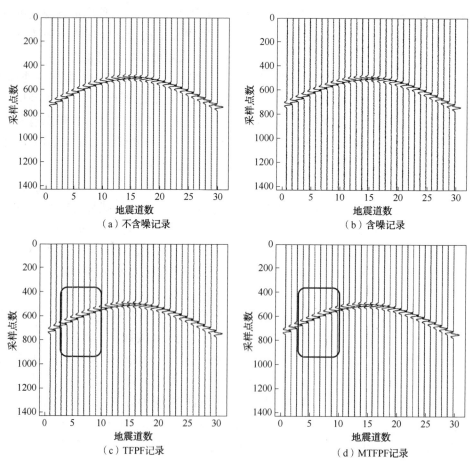

（a）不含噪记录

（b）含噪记录

（c）TFPF记录

（d）MTFPF记录

图 4-14　使用 TFPF 和 MTFPF 方法对信噪比为 10dB 的合成记录进行滤波实验

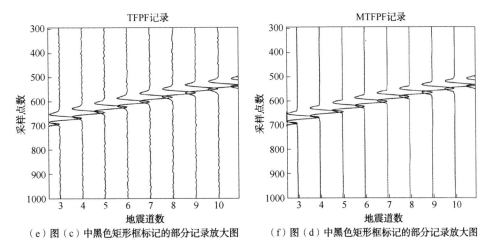

（e）图（c）中黑色矩形框标记的部分记录放大图　　（f）图（d）中黑色矩形框标记的部分记录放大图

图4-14　使用 TFPF 和 MTFPF 方法对信噪比为 10dB 的合成记录进行滤波实验(续)

从图4-14中可以看出，加噪记录的背景噪声强度较小，采用 TFPF 和 MTFPF 两种方法处理后，均可达到良好的滤波效果。对滤波后的记录进行局部放大，可观察到两种方法处理效果的不同：TFPF 方法处理后的记录背景中仍有微小幅度的波动，而 MTFPF 方法处理后的记录与不含噪记录非常接近，背景中几乎没有波动。通过计算两种方法滤波后记录的信噪比，可得 TFPF 记录为 17.3369dB，MTFPF 记录为 21.3730dB。相比之下，MTFPF 方法对含噪记录的信噪比提高更多。

接下来，对一个30道的两轴合成记录进行滤波实验。其中，两个弯曲同相轴分别由主频为 35Hz 和 30Hz 的雷克子波构成，层速度分别为 2500m/s 和 3000m/s。同样地，对该记录加入高斯白噪声使其信噪比为 5dB，分别采用 TFPF 和 MTFPF 两种方法进行滤波处理。实验中，选取 TFPF 的滤波窗长为9点，MTFPF 中使用3点的抛物形结构元素和5点窗长的 TFPF。处理前后的记录如图4-15所示。

与使用 TFPF 滤波的记录相比，可以观察到，使用 MTFPF 滤波的记录更接近于无噪记录。此外，MTFPF 记录中的同相轴比 TFPF 记录中的同相轴更清晰，说明 MTFPF 方法能更有效地抑制背景噪声。通过计算两种方法所得记录的信噪比进行定量分析，MTFPF 和 TFPF 记录的信噪比分别为 10.8618dB 和 7.2176dB，可知 MTFPF 方法对含噪记录的信噪比提高得更多。

为了充分验证滤波方法的性能，继续采用 TFPF 和 MTFPF 两种方法对一个30道的三轴合成记录进行滤波测试。层速度分别为 2000m/s、2200m/s 和 3000m/s，构成三个同相轴的雷克子波主频分别为 35Hz、30Hz 和 25Hz。对该记录加入高斯白噪声使其信噪比为 0dB，此时背景噪声强度较大，对于 TFPF 方法

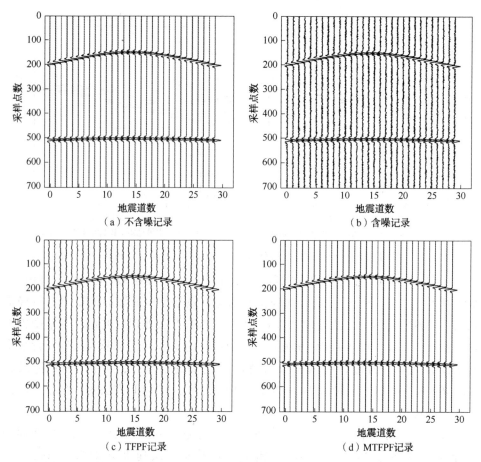

图 4-15　使用 TFPF 和 MTFPF 方法对信噪比为 5dB 的合成记录进行滤波实验

选取其窗长为 13 点；对于 MTFPF 方法选取结构元素长度仍为 3 点，但是 TFPF 的窗长为 9 点。滤波前后的记录如图 4-16 所示。

　　从图 4-16 中可以看出，该三轴记录的背景噪声较强，对同相轴的影响较大，同相轴不够清晰。经 TFPF 方法处理后，背景噪声消减效果显著，但仍有残留。相比之下，MTFPF 方法处理后的记录背景噪声残留更少、同相轴清晰度更高。为了展示 MTFPF 方法在随机噪声消减和有效信号保持方面的综合优势，分别从 TFPF 记录和 MTFPF 记录中抽取同样道号的一道信号进行波形对比，如图 4-17 所示。

　　从图 4-17 中可以看出，MTFPF 方法处理后的记录中信号波形更接近于无噪记录中的信号波形，特别是在平坦信号段、雷克子波波峰处以及波形跳变处效果很明显。通过计算滤波后记录的信噪比，可知 MTFPF 记录为 11.2264dB，TFPF 记录为 8.8642dB，与之前对合成记录的实验结论一致，即 MTFPF 方法对含噪记录的信噪比提高较多。

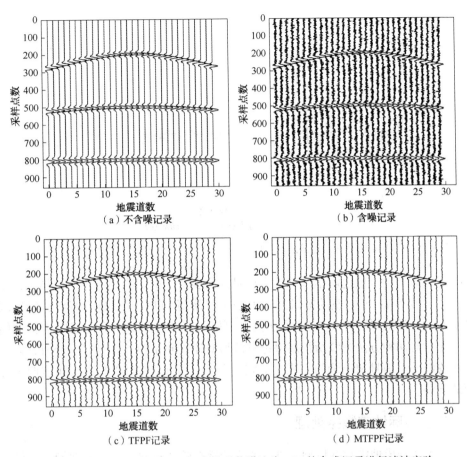

（a）不含噪记录

（b）含噪记录

（c）TFPF记录

（d）MTFPF记录

图 4-16　使用 TFPF 和 MTFPF 方法对信噪比为 0dB 的合成记录进行滤波实验

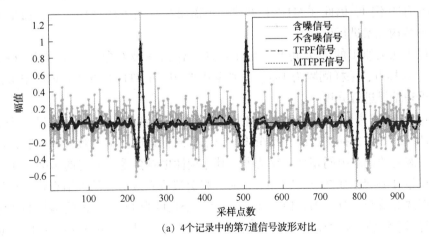

（a）4个记录中的第7道信号波形对比

图 4-17　不含噪记录、含噪记录、TFPF 记录和 MTFPF 记录的单道波形对比

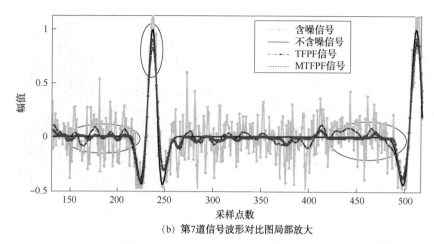

（b）第7道信号波形对比图局部放大

图 4-17　不含噪记录、含噪记录、TFPF 记录和 MTFPF 记录的单道波形对比（续）

通过以上对合成地震信号和地震记录的实验及分析，我们可以得出结论，使用形态滤波和 TFPF 实现的级联滤波方法比仅使用 TFPF 方法进行滤波，能够取得更好的滤波效果，即 MTFPF 方法具有更好的有效信号保持和随机噪声抑制能力。通过对两种方法滤波所得结果进行波形对比、同相轴对比等定性分析，以及计算滤波前后信号和记录的信噪比等定量分析，验证了 MTFPF 方法在这两个方面的优势。

二、实际地震数据处理

以上在合成地震数据模型上进行的实验旨在验证新滤波方法的性能，其最终目标是将该方法应用于野外地震资料的处理。由于实际地震信号与模拟信号的波形形态有所不同，因此在 MTFPF 方法中不需要采用扁平的结构元素，而是选择曲线形结构元素进行处理。

以东北某油田的一个共炮点记录（CSP）作为滤波对象。该记录有 168 道，6000 个采样点，采样间隔为 4ms。分别采用 TFPF 和 MTFPF 方法处理该记录，然后对处理结果进行分析。

对于 TFPF 方法，通过多次实验测试，采用 17 点的窗长对该记录进行滤波是最佳选择。如果选择 7 点或 9 点窗长，记录中的背景噪声不能被有效抑制，这将使得滤波后的记录中同相轴不够清晰，其连续性也将会受到一定的影响。而当滤波窗长超过 17 点（如 21 点甚至更长）时，将会造成有效信号的大幅衰减，有时还会出现波形畸变。对于 MTFPF 方法，选择一个长度为 11 点的正弦函数形结构元素进行形态滤波，接着选择 5 点窗长的 TFPF 进行处理。采用 Seisee 软件读取实际共炮点记录，原始记录、TFPF 记录和 MTFPF 记录如图 4-18 和图 4-19 所示。

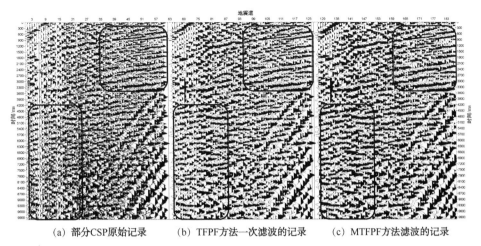

(a) 部分CSP原始记录   (b) TFPF方法一次滤波的记录   (c) MTFPF方法滤波的记录

图 4-18　使用 TFPF 和 MTFPF 方法对实际共炮点地震记录的一部分进行滤波

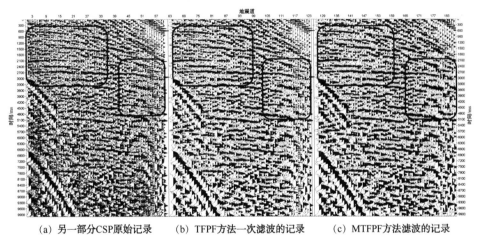

(a) 另一部分CSP原始记录   (b) TFPF方法一次滤波的记录   (c) MTFPF方法滤波的记录

图 4-19　使用 TFPF 和 MTFPF 方法对实际共炮点地震记录的另一部分进行滤波

　　如前所述，迭代 TFPF 算法不常用，因为某一窗长的一次 TFPF 会使有效信号衰减，而迭代 TFPF 对有效信号的衰减更加严重。从图 4-18 和图 4-19 可以看出，TFPF 和 MTFPF 都可以有效消减背景噪声，而后者对背景噪声的消减能力更好一些，表现在 MTFPF 记录中的同相轴比 TFPF 记录中的同相轴更清晰、连续性更好，一些细节在滤波之后也凸显出来。图中黑色矩形框标出的区域效果对比较为明显。

　　此外，也给出分别采用两次迭代 TFPF 以及 MTFPF 方法处理后的实际记录，如图 4-20 和图 4-21 所示。

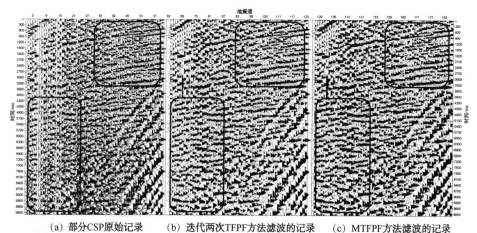

(a) 部分CSP原始记录　　(b) 迭代两次TFPF方法滤波的记录　　(c) MTFPF方法滤波的记录

图 4-20　使用 TFPF 和 MTFPF 方法对实际共炮点地震记录的一部分进行滤波

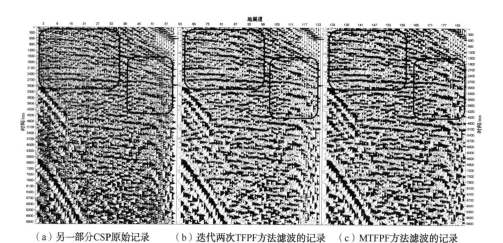

（a）另一部分CSP原始记录　　　（b）迭代两次TFPF方法滤波的记录　　　（c）MTFPF方法滤波的记录

图 4-21　使用 TFPF 和 MTFPF 方法对实际共炮点地震记录的另一部分进行滤波

从图 4-20 和图 4-21 中可以看出，迭代两次 TFPF 的滤波效果没有比一次 TFPF 的滤波效果优越，反倒是因迭代滤波使得有效信号的衰减程度有所增加，同相轴连续性变差。这一结果与前文所说的 TFPF 的迭代处理可能会导致有效信号衰减更严重是一致的。虽然 MTFPF 的实质是使用两种不同类型的滤波器进行级联滤波，但是由于其分别利用的是这两种滤波方法各自的优势之处，从而使背景噪声被较大力度地压制，同时使有效信号得到了更好的增强。

第5章 基于 Radon 变换的时空二维 TFPF 方法压制地震勘探随机噪声

前文所介绍的都是一维的滤波方法，没有考虑到地震数据的空间特性。在一维情况下，我们已经采取一些方案对传统的 TFPF 方法进行了改进。但是一维的方法只考虑地震数据的时间维特性，对地震反射同相轴的横向相关性欠考虑，而地震资料本身就具有时空二维特性，因此，我们有必要将其空间相关性引入到算法当中。这样一来，传统算法就被发展到时空二维上，从而能更有效地处理地震数据。本文旨在借助 Radon 变换将传统的一维 TFPF 方法推广到时空二维方法的层面，期望在压制地震勘探随机噪声和恢复有效同相轴方面取得更好的效果。

第1节 Radon 变换简介

Radon 变换最早是由 Radon 于 1917 年提出的，一经提出就受到了人们的普遍关注和研究。Radon 变换就是一种沿着特定路径对介质的某个特性进行线积分的变换方法。该方法为物理学、天文学、医学、光学、无损探测以及图像重构问题等提供了统一的数学基础和基本框架，目前已经广泛应用于众多领域。著名的 Fourier 投影定理（又称切片投影定理）证明 Radon 变换和 Fourier 变换有着明确的对等关系，凡能用 Fourier 变换解决的问题都能用 Radon 变换解决。Radon 变换本身的特点决定了在 Radon 变换域中，场的物理特征更为直观明确，有利于对比分析。20 世纪 70 年代中期，由美国斯坦福大学地球物理小组以 Claerbout 为代表的学者们将线性 Radon 变换（$\tau-p$ 变换）引入到地震勘探中。1986 年，Hampson 对倾斜叠加进行改进，给出抛物线 Radon 变换的公式。将倾斜叠加公式中的直线形积分路径改为抛物线形积分路径。此后一些学者开始把这些 Radon 变换（线性 Radon、抛物线 Radon 等）应用到各种勘探地震学课题中，如波场模拟、速度分析、偏移成像、平面波分解、多次波衰减、波场分离、波场分解、道内插值、反演等。Radon 变换通过不同线形的路径进行积分变换，将具有时空相关性的信号和随机噪声在时空域上进行有效分离，具有时空相关性的信号在理想情况下被聚焦成为一个能量点，而随机噪声则因其不具有明显的规律性而仍然散布在时空平面上。因此，在 Radon 域上可以通过切除或者滤波再进行反变换来达到去除相干干扰或随机噪声的目的。

一、线性 Radon 变换

在地震勘探处理领域，我们常将线性 Radon 变换称为 $\tau-p$ 变换，也叫倾斜叠加。线性 Radon 变换，是对原数据沿着直线形路径进行积分，离散情况下就是对直线形路径上的点进行叠加，变换到 Radon 域上的结果为不同的射线参数 p 和截距时间 τ 所对应的能量点，所以我们也将线性 Radon 变换域称作 $(\tau-p)$ 域。

线性 Radon 变换用公式表示为：

$$u(\tau,\ p) = \int_{-\infty}^{+\infty} \mathrm{d}(t = \tau + ph,\ h)\mathrm{d}h \qquad (5-1)$$

式中，$\mathrm{d}(t, h)$ 为地震数据；$u(\tau, p)$ 为 Radon 域数据；h 为空间变量（地震数据中为偏移距）；t 为地震数据的双程旅行时，线性 Radon 变换中它被定义为直线形式；τ 为截距时间；p 为直线的斜率。

线性 Radon 变换的反变换形式为：

$$\mathrm{d}'(t,\ h) = \int_{-\infty}^{+\infty} u(\tau = t - ph,\ p)\mathrm{d}p \qquad (5-2)$$

式中，$\mathrm{d}'(t, h)$ 为 Radon 反变换后的数据；$u(\tau, p)$ 为 Radon 域数据。

在实际应用中，地震数据是离散的，因此不采用积分，而是采用求和代替积分，并且求和的上下限不是无穷大，需根据地震资料的实际情况来设定。那么离散线性 Radon 变换的正反变换可表示为：

$$u(\tau,\ p) = \sum_{n=1}^{nh} \mathrm{d}(t = \tau + ph_n,\ h_n) \qquad (5-3)$$

$$\mathrm{d}'(t,\ h) = \sum_{m=1}^{np} u(\tau = t - p_m h,\ p_m) \qquad (5-4)$$

式中，Nh 为地震资料中的道数；Np 为 Radon 域内的道数。在实际处理中，我们多采用 Radon 变换的频域实现形式，这是因为在频域实现 Radon 变换的运算效率很高，便于实现。特别是对于线性和抛物线 Radon 变换来说，这两种变换算子都具有时不变性，可以在频域实现。

那么，频域线性 Radon 变换的实现形式由其时域公式经傅里叶变换转换为：

$$U(\omega,\ p) = \sum_{n=1}^{nh} D(\omega,\ h_n)\exp(j\omega ph_n) \qquad (5-5)$$

$$D'(\omega,\ h) = \sum_{m=1}^{np} U(\omega,\ p_m)\exp(-j\omega p_m h) \qquad (5-6)$$

式中，$D(\omega, h_n)$ 为原始地震数据的傅里叶变换值；$U(\omega, p)$ 为频域 Radon 变换值；$D'(\omega, h)$ 为经频域 Radon 反变换后的值，即反变换后得到的时空域数据的傅里叶变换值。将以上两式写成矩阵形式：

$$U = L^H D \qquad\qquad (5-7)$$

$$D' = LU \qquad\qquad (5-8)$$

式中，$L_{nm} = \exp(-j\omega p_m h_n)$，$n = 1$，$2$，$\cdots$，$Nh$，$m = 1$，$2$，$\cdots$；$Np$ 为一个 $Nh \times Np$ 的复矩阵；$L_{mn}^H = \exp(j\omega p_m h_n)$ 为 L 的共轭转置矩阵。这里 L 和 L^H 不是互逆算子。一直以来，L 算子的逆算子是采用最小平方法求得的：

$$L^{-1} = (L^H L)^{-1} L^H \ \text{或} \ L^{-1} = L^H (LL^H)^{-1} \qquad\qquad (5-9)$$

那么，线性 Radon 变换的正变换可写为：

$$U = (L^H L)^{-1} L^H D \ \text{或} \ U = L^H (LL^H)^{-1} D \qquad\qquad (5-10)$$

为了保证数值解的稳定性，通常采用正则化最小二乘法来求解，即在上面的求解形式中加入一个正则化因子 λ，使得解的形式为：

$$U = (L^H L + \lambda I)^{-1} L^H D \ \text{或} \ U = L^H (LL^H + \lambda I)^{-1} D \qquad\qquad (5-11)$$

式中，I 为单位对角矩阵。

Radon 变换中的参数选取非常重要，已有的线性 Radon 变换的参数选取参考公式，主要是斜率参数 p 的选取原则如下式：

$$\Delta p \leqslant \frac{1}{x_{max} f_{max}}, \ p_{max} \leqslant \frac{1}{2\Delta x f_{max}} \qquad\qquad (5-12)$$

式中，Δp 为斜率参数 p 的采样间隔；x_{max} 为最大偏移距；f_{max} 为最大频率；Δx 为道间距（若为变道距情况，选其最大值）。我们可以根据这个参考公式计算出斜率参数的大致范围，对于不同的地震数据，我们对这些参数值还需进行微调。

下面通过对一个不含随机噪声的模拟地震记录做线性 Radon 变换来说明该方法的特点。该记录含有一个直线状同相轴，构成同相轴的雷克子波主频为 25Hz，层速度为 2500m/s，道间距为 10m。该记录共有 50 道地震波，采样间隔为 0.002s。仿真实验结果如图 5-1 所示。

从图 5-1 中可以看出，对于含有呈直线状同相轴的模拟地震记录做线性 Radon 变换，对其中的反射同相轴进行识别，即沿着线性路径进行叠加，可将同相轴在 Radon 域内聚焦为一个能量子波。然后通过线性 Radon 反变换可将原始记录进行较好的恢复。Radon 变换有一个最明显的缺点，就是在 Radon 域中能量点周围出现了呈"剪刀脚"状的尾巴。这是由于我们采用离散 Radon 变换时对数据进行截断而产生的"端点效应"所造成的。

下面再对一个含有随机噪声的模拟地震记录进行线性 Radon 变换的实验。该记录包含两个直线状同相轴，构成这两个同相轴的雷克子波的主频分别为 30Hz 和 25Hz，层速度分别为 1900m/s 和 2200m/s，道间距为 10m。该记录整体信噪比为 0dB，共有 50 道地震波，采样间隔为 0.001s。仿真实验结果如图 5-2 所示。

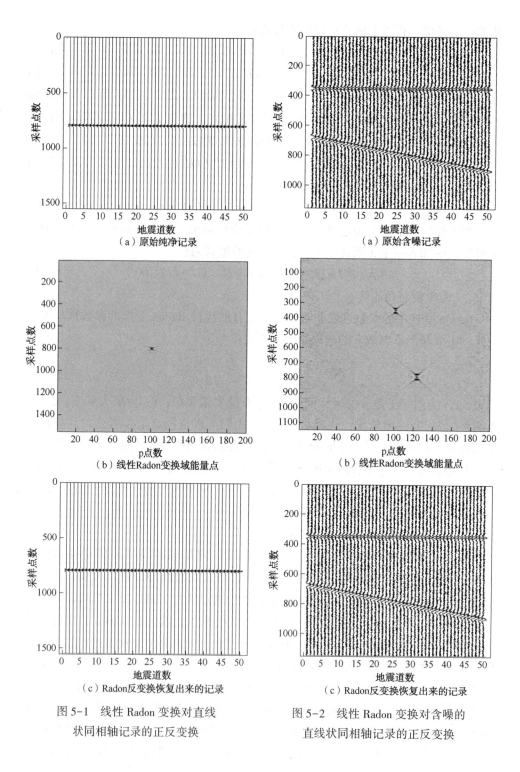

（a）原始纯净记录 　　　　　　（a）原始含噪记录

（b）线性Radon变换域能量点 　　（b）线性Radon变换域能量点

（c）Radon反变换恢复出来的记录 　（c）Radon反变换恢复出来的记录

图 5-1　线性 Radon 变换对直线　　　图 5-2　线性 Radon 变换对含噪的
状同相轴记录的正反变换　　　　直线状同相轴记录的正反变换

由图 5-2 可知，Radon 变换受噪声的影响很小，在噪声环境下也能将有效同相轴聚焦为能量子波，起到了对同相轴的识别作用。通过 Radon 反变换同样可以对原含噪记录进行恢复。因此，我们可以对含噪的地震记录进行 Radon 变换继而进行各种滤波处理，以达到相应的目的。

二、抛物线 Radon 变换

抛物线 Radon 变换是与线性 Radon 变换的积分路径不同的一种 Radon 变换方法。其时域的正反变换形式为：

$$u(\tau,\ q) = \int_{-\infty}^{+\infty} \mathrm{d}(t = \tau + qh^2,\ h)\,\mathrm{d}h \tag{5-13}$$

$$d'(t,\ h) = \int_{-\infty}^{+\infty} u(\tau = t - qh^2,\ q)\,\mathrm{d}q \tag{5-14}$$

式中，$t = \tau + qh^2$ 为抛物线形式的积分路径；q 为抛物线轨迹的曲率参数。实际应用中多采用其离散形式，那么抛物线 Radon 变换的离散形式为：

$$u(\tau,\ q) = \sum_{n=1}^{nh} \mathrm{d}(t = \tau + qh_n^2,\ h_n) \tag{5-15}$$

$$d'(t,\ h) = \sum_{m=1}^{np} u(\tau = t - q_m h^2,\ q_m) \tag{5-16}$$

与线性 Radon 变换一样，抛物线 Radon 变换也可以在频域实现。只不过抛物线 Radon 变换的算子 L 的频域形式与线性 Radon 变换不同，是根据其积分路径的形式得到的，为 $L = \exp(-j\omega qh^2)$，其共轭转置算子的形式为 $L^H = \exp(j\omega qh^2)$。该变换的求解形式与线性 Radon 变换一样，一般也采用最小二乘解，见式（5-11）。

抛物线 Radon 变换的参数选择与线性 Radon 变换不同，主要是曲率参数 q 的计算，可参考如下公式：

$$\Delta q \leqslant \frac{1}{x_{max}^2 f_{max}},\ q_{max} \leqslant \frac{1}{2\,(\Delta x)^2 f_{max}} \tag{5-17}$$

上述 q 的计算也可使用公式：

$$q_{max} \leqslant \frac{1}{2x_{max}\Delta x f_{max}} \tag{5-18}$$

与线性 Radon 变换的参数一样，抛物线 Radon 变换的参数根据上述公式计算出来后还需进行微调，以适用于实际中的各种地震数据。

同样，我们采用抛物线 Radon 变换对模拟地震记录进行实验。先对一个纯净的、含有两个弯曲同相轴的模拟地震记录进行实验。形成反射同相轴的雷克子波主频分别为 30Hz 和 25Hz，层速度分别为 2100m/s 和 2300m/s，道间距为 25m。该记录含有 50 道地震波，采样间隔为 0.001s。仿真实验结果如图 5-3 所示。

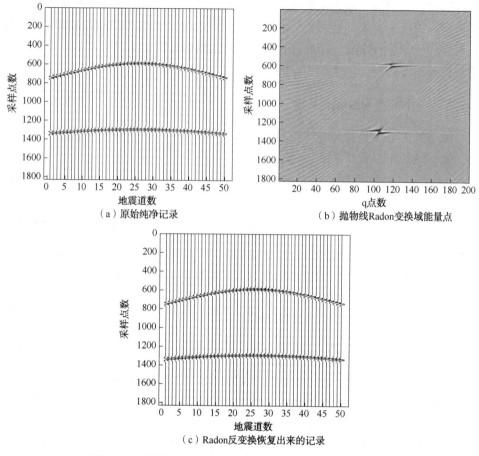

（a）原始纯净记录　　　　　　　（b）抛物线Radon变换域能量点

（c）Radon反变换恢复出来的记录

图 5-3　抛物线 Radon 变换对弯曲同相轴记录的正反变换

　　从图 5-3 可以看出，对于纯净的模拟地震记录中的弯曲同相轴，抛物线 Radon 变换能够很好地将其聚焦为 Radon 域中的能量子波，从而起到了对有效同相轴的识别作用。然后通过抛物线 Radon 反变换也可以恢复出与原纯净记录极为相似的记录。

　　另外，对一个含噪的、含有三个呈弯曲状同相轴的模拟地震记录进行抛物线 Radon 正反变换的实验。形成同相轴的雷克子波主频分别为 35Hz、30Hz 和 25Hz，层速度分别为 1900m/s、2000m/s 和 2200m/s，道间距为 35m。该记录含有 50 道地震波，采样间隔为 0.002s。给该记录加入 WGN，使得整个记录的 SNR 为 -2dB。仿真实验结果如图 5-4 所示。

　　从图 5-4 可以看出，抛物线 Radon 变换对被噪声污染的弯曲同相轴也能进行很好的识别，表现为在 Radon 域中将其聚焦为不同位置的能量子波，再次验证了

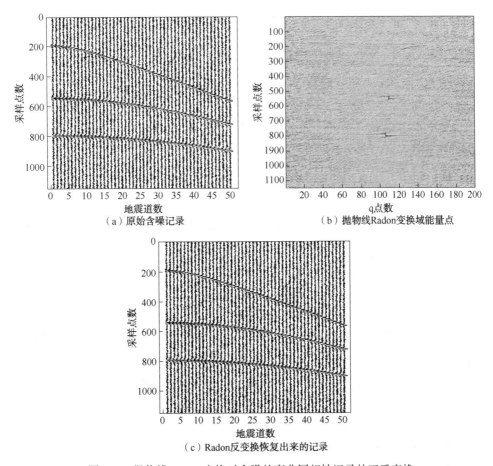

（a）原始含噪记录

（b）抛物线Radon变换域能量点

（c）Radon反变换恢复出来的记录

图 5-4　抛物线 Radon 变换对含噪的弯曲同相轴记录的正反变换

Radon 变换具有受噪声影响较小的特点。我们通过抛物线 Radon 反变换也能对原含噪记录进行恢复，恢复出来的记录与原含噪记录几乎一样。

三、双曲线 Radon 变换

具有时不变性的抛物线 Radon 变换对呈双曲形态的同相轴只能是一种近似拟合，对远偏移距的地震数据不能够很好地聚焦，因此精度受到一定的影响。双曲线 Radon 变换则更符合实际地震数据的时距曲线，对远偏移距处的数据能够较好地聚焦。

双曲线 Radon 正反变换的时域离散形式为：

$$u(\tau, q) = \sum_{n=1}^{nh} d(t = \sqrt{\tau^2 + q h_n^2}, h_n) \qquad (5-19)$$

$$d'(t, h) = \sum_{m=1}^{np} u(\tau = \sqrt{t^2 - q_m h^2}, q_m) \qquad (5\text{-}20)$$

双曲线 Radon 变换的算子 L 是在 Radon 域中沿着 $\tau = \sqrt{t^2 - qh^2}$ 轨迹进行积分的，算子 L^H 是在 t–h 域中沿着双曲轨迹 $t = \sqrt{\tau^2 + qh_n^2}$ 进行积分的。由于双曲线 Radon 变换的算子是时变的，因此不能直接在频域实现，需要将双曲线 Radon 变换的算子形式转换成时不变的。时不变双曲线 Radon 变换前些年已经由 Foster 提出，他给出了依赖于某一深度的双曲线 Radon 变换的积分路径，这样就可以在频域实现，大大提高了计算效率，具有较强的实用性。

时不变双曲线 Radon 变换可表示为：

$$u(\tau, q) = \int_{-\infty}^{+\infty} d(t = \tau + q(\sqrt{h^2 + z_{\text{ref}}^2} - z_{\text{ref}}), h)\, dh \qquad (5\text{-}21)$$

其离散化后的形式为：

$$u(\tau, q) = \sum_{n=1}^{nh} d(t = \tau + q(\sqrt{h_n^2 + z_{\text{ref}}^2} - z_{\text{ref}}), h_n) \qquad (5\text{-}22)$$

式中，z_{ref} 为参考深度；$t = \tau + q(\sqrt{h^2 + z_{\text{ref}}^2} - z_{\text{ref}})$，为双曲线状的积分路径。这样，$t$–$x$ 域中的时间参数 t 及 τ–q 域中的时间参数 τ 具有线性关系，这样就可以在频域上实现双曲线 Radon 变换。对上式两端进行傅里叶变换，得到：

$$U(\omega, q) = \sum_{n=1}^{nh} D(\omega, h_n) \exp(j\omega q \theta_n) \qquad (5\text{-}23)$$

式中，$\theta_n = \sqrt{h_n^2 + z_{\text{ref}}^2} - z_{\text{ref}}$，写成矩阵形式为 $U = L^H D$。其中，$L^H = \exp(j\omega q \theta_n)$ 就是频域双曲线 Radon 变换算子的共轭转置算子。同样，我们可以得出频域双曲线 Radon 变换的反变换公式 $D = LU$。其中，$L = \exp(-j\omega q \theta_n)$ 为频域双曲线 Radon 变换的算子。类似于线性和抛物线 Radon 变换，我们同样是通过求解正则化最小二乘解来得到双曲线 Radon 域的值：

$$U = (L^H L + \lambda I)^{-1} L^H D \text{ 或 } U = L^H (LL^H + \lambda I)^{-1} D \qquad (5\text{-}24)$$

我们采用时不变双曲线 Radon 变换对图 5-3 所示的模拟地震记录做正反变换的实验，实验效果如图 5-5 所示。

从图 5-5 中可以看出，对于相同的一个地震记录，时不变双曲线 Radon 变换可以更好地将双曲状同相轴聚焦为不同位置的能量子波，且比抛物线 Radon 变换对远偏移距的同相轴的聚焦能力强，皆因为它是严格按照地震记录中双曲状时距曲线的路径对同相轴进行叠加的。但是，不容忽视的一点是，时不变双曲线 Radon 变换比抛物线 Raodn 变换中多一个参数的选取，即参考深度 z_{ref}。在一般情况下，如果算法中多一个参数的选取就会多一些顾虑，比方说该参数会对实验效果有所影响，对其他参数有所牵制，等等。因此，在实际应用中也会给数据处理带来一些复杂度。

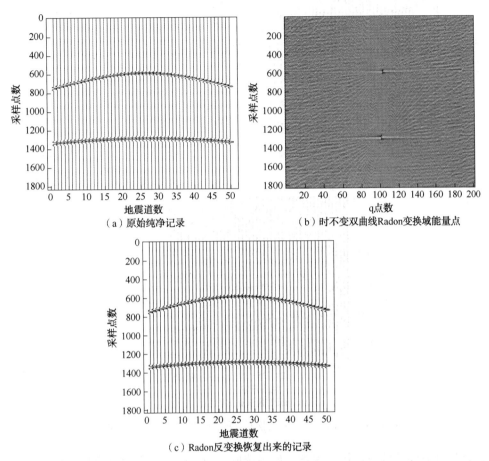

（a）原始纯净记录　　　　　　　　（b）时不变双曲线Radon变换域能量点

（c）Radon反变换恢复出来的记录

图5-5　时不变双曲线Radon变换对含有两个弯曲同相轴记录的正反变换

我们再对图5-4所示的模拟地震记录做时不变双曲线Radon正反变换的实验，实验效果如图5-6所示。

从图5-6中可以看出，时不变双曲线Raodn变换确实可以将呈双曲状的反射同相轴严格地沿着双曲线路径进行叠加，在Radon域中得到聚焦程度很高的能量子波。且受噪声的影响很小，这一点与前面所做的其他Radon变换的实验一致，并且也可以通过Radon反变换对原始记录进行有效的恢复。但无论是线性Raodn、抛物线Radon还是时不变双曲线Raodn变换，它们都存在使能量点周围出现"剪刀脚"状的拖尾现象。这种现象在处理相干干扰时，对处理结果的影响很大，因为这种现象的存在，各种地震波与干扰的界限就变得比较模糊，为进行

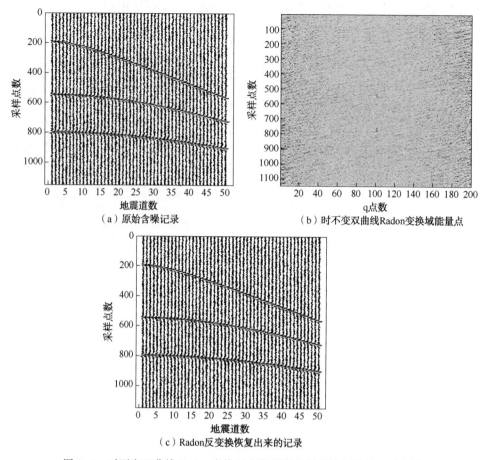

（a）原始含噪记录

（b）时不变双曲线Radon变换域能量点

（c）Radon反变换恢复出来的记录

图 5-6　时不变双曲线 Radon 变换对含噪的弯曲同相轴记录的正反变换

切除处理时阈值的设定带来困难，如果选取不当，就会将部分有效信号同相干干扰一起被切除掉。而在本文中，我们利用 Radon 变换对有效同相轴识别继而进行TFPF 处理，以达到去除地震勘探随机噪声的目的。因此，这种拖尾现象对处理结果的影响不再那么严重。即便如此，我们也要介绍一下能够改善这种端点效应问题的 Radon 变换，即高分辨率 Radon 变换，分析其优缺点，然后说明我们选取普通 Radon 变换来辅助 TFPF 处理的原因。

四、高分辨率 Radon 变换

在离散 Radon 变换中，由于是选取有限长度的数据进行运算，所以会产生截断效应。即使采用正则化最小二乘约束法来求解 Radon 域的解，对这种效应的抑制能力也是有限的。因此，人们提出高分辨率 Radon 变换。高分辨率 Radon 变换比一般的 Radon 变换具有更好的聚焦能力，使能量发散大幅度减少，便于后续的很多处理。在学习过程中，主要研究了基于共轭梯度法的高分辨率 Radon 变换，这是一种迭代稀疏反演方法，以及一种非迭代的高分辨率 Radon 变换方法。这里我们主要研究频域高分辨率 Radon 变换，首先介绍一下基于共轭梯度法求解的高分辨率频域 Radon 变换。

高分辨率 Radon 变换也是基于最小平方准则的，通过最小化目标函数得到稀疏约束反演的迭代公式，构造如下最小化目标函数：

$$J = \|D - LU\|^2 + \|WU\|^2 \qquad (5-25)$$

式中，W 为加权矩阵，且为对角阵。

求解正则化最小二乘解可得：

$$(L^H L + W^H W)U = L^H D$$
$$\Rightarrow \quad U = (L^H L + W^H W)^{-1} L^H D \qquad (5-26)$$

我们定义 $C = W^H W$，C 为对角矩阵，决定 Radon 域内的分辨率。其对角形式可写为：

$$[C]_{i,j} = \sigma^2 + U_i^2 \qquad (5-27)$$

定义 $Q = L^H L + C$，Q 为 $Np \times Np$（$Nq \times Nq$）阶矩阵，对于线性 Radon 变换其元素为：

$$Q_{i,j} = \sum_{n=1}^{nh} \exp\left[-j\omega(p_i - p_j)h_n\right] + \left[\sigma^2 + \|U_i\|^2\right]_{i=j}, \quad i, j = 1, 2, \cdots Np \qquad (5-28)$$

对于抛物线 Radon 变换，其元素为：

$$Q_{i,j} = \sum_{n=1}^{nh} \exp\left[-j\omega(q_i - q_j)h_n^2\right] + \left[\sigma^2 + \|U_i\|^2\right]_{i=j}, \quad i, j = 1, 2, \cdots Nq \qquad (5-29)$$

式中，σ^2 为模型的标准差；U_i 为前一次 Radon 域内的数据，其初值为普通 Radon 变换的正则化最小二乘解。

那么，基于共轭梯度法的高分辨率 Radon 变换的迭代公式可写为：

$$U^{k+1} = (L^H L + C_k)^{-1} L^H D \qquad (5-30)$$

对角矩阵 C_k 的对角形式为：

$$[C_k]_{i,i} = \sigma^2 + U_i^{k2} \qquad (5-31)$$

式中，σ^2 一般取很小的值，其取值区间为 $0 \sim 1$；U^k 为前一次变换的结果。

共轭梯度法求解线性方程组，假定义方程组为矩阵相乘的形式：

$$A \cdot X = B \qquad (5-32)$$

式中，X 为我们需要求解的矩阵。仿照此式可将高分辨率 Radon 变换的求解形式写成类似形式：

$$(L^H L + C) U = L^H D \qquad (5-33)$$

先采用正则化最小二乘法求解出普通 Radon 变换的值，作为迭代过程的初值，然后计算出"残差"：

$$r_1 = B - A \cdot X_1 \qquad (5-34)$$

对于式(5-33)有：$r_1 = L^H D - (L^H L + C) U_1$ 并设 $\bar{r}_1 = r_1$，然后再设一对初始向量 $p_1 = r_1$，$\bar{p}_1 = \bar{r}_1$，根据递推过程：

$$\alpha_k = \frac{\bar{r}_k r_k}{\bar{p}_k \cdot A \cdot p_k} \qquad (5-35)$$

$$r_{k+1} = r_k - \alpha_k A \cdot p_k \qquad (5-36)$$

$$\bar{r}_{k+1} = \bar{r}_k - \alpha_k A^T \cdot \bar{p}_k \qquad (5-37)$$

$$\beta_k = \frac{\bar{r}_{k+1} \cdot r_{k+1}}{\bar{r}_k \cdot r_k} \qquad (5-38)$$

$$p_{k+1} = r_{k+1} + \beta_k p_k \qquad (5-39)$$

$$\bar{p}_{k+1} = \bar{r}_{k+1} + \beta_k \bar{p}_k \qquad (5-40)$$

我们得到 Radon 域的估算序列：

$$U_{k+1} = U_k + \alpha_k p_k \qquad (5-41)$$

在一般情况下，迭代 5 次左右就可起到收敛普通 Radon 变换端点发散现象的作用。但是此种迭代高分辨率 Radon 变换最大的缺点就是，反变换后会使原始数据的幅值衰减，且计算量较大，对于规模较大的数据会影响计算速度。还有不容忽视的一点是，这种迭代的高分辨率 Radon 变换有时候难以得到稳定的收敛解。

非迭代频域高分辨率 Radon 变换如下所示：

$$U = W L^H (L W L^H + \lambda^2 I)^{-1} D \qquad (5-42)$$

可以看出，这种方法与正则化最小二乘解形式的 Radon 变换相比，多出一个参数矩阵 W。W 是一个实对角正定约束矩阵，其对角元素为 Radon 域最小二乘解的前一个频率值所对应的解：

$$w_{jj}(\omega_n) = \| U(\omega_{n-1}, q_j) \| \quad (j = 1, 2, \cdots, J) \qquad (5-43)$$

此种方法就是利用较低频率点所对应的 Radon 变换值来约束较高频率点所对应的值，由此可以起到收敛能量发散、抑制端点效应的作用。

下面，我们通过仿真实验来说明高分辨率 Radon 变换和普通 Raodn 变换的不同。先做通过迭代方法实现的频域高分辨率 Radon 变换实验，为了简单起见，这里我们对图 5-2 所示的含噪模拟地震记录做迭代高分辨率线性 Radon 正反变换，仿真效果如图 5-7 所示。

从图 5-7 中可以看出，迭代高分辨率 Raodn 变换虽然能够在一定程度上缓解普通 Radon 变换所产生的"端点效应"问题，即呈剪刀脚状的"拖尾"会被较大程度地抑制。但这一改善是以对原始有效信号的些许衰减为代价的，有时候还会使原始有效信号发生畸变。另外，迭代高分辨率 Radon 变换的稳定性较差，每次运行所得的结果会不同，有时候甚至得不到有效的结果，即收敛不到一个有效解。迭代算法因为增加了计算量而比较耗时，这在实际信号处理中也不是一个很好的选择。

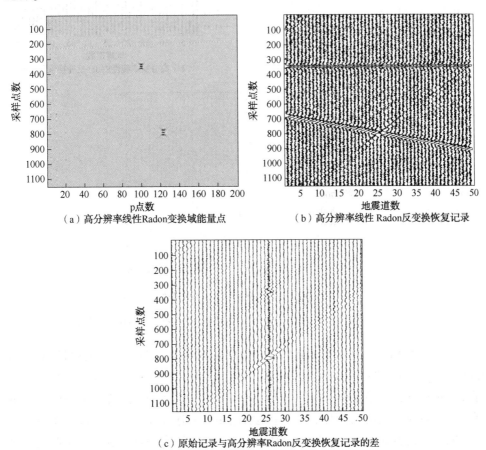

（a）高分辨率线性Radon变换域能量点　　　　（b）高分辨率线性 Radon 反变换恢复记录

（c）原始记录与高分辨率Radon反变换恢复记录的差

图 5-7　迭代高分辨率线性 Radon 变换对含噪的直线状同相轴记录的正反变换

接着，我们采用非迭代的频域高分辨率 Radon 变换对图 5-2 所示的模拟地震记录进行高分辨率线性 Radon 变换的实验。仿真效果如图 5-8 所示。

接着再对含有两个弯曲同相轴的模拟地震记录做非迭代的高分辨率抛物线 Radon 正反变换，再次验证该算法的性能。实验效果如图 5-9 所示。

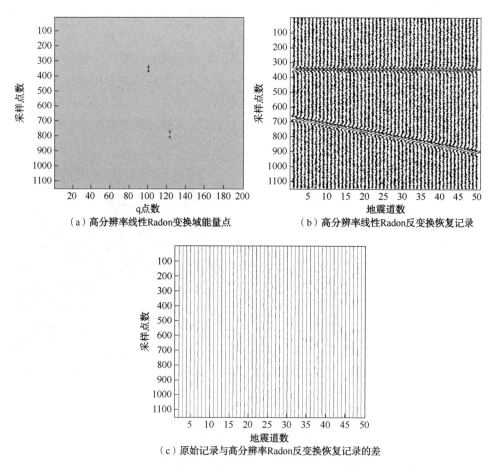

（a）高分辨率线性Radon变换域能量点　（b）高分辨率线性Radon反变换恢复记录

（c）原始记录与高分辨率Radon反变换恢复记录的差

图 5-8　非迭代高分辨率线性 Radon 变换对含噪的直线状同相轴记录的正反变换

从图 5-8 和图 5-9 中可以看出，非迭代高分辨率 Radon 变换同样可以对普通 Radon 变换产生的"拖尾效应"进行较好的抑制，且无论在噪声环境下还是无噪声环境下都可以得到稳定解。只是因为在计算过程中又增加了矩阵相乘使得计算量增大，运算时间也增长，对于同一个地震记录，非迭代高分辨率 Radon 变换的运行时间大概是普通 Radon 变换运行时间的 4.5 倍。还有一点区别是，非迭代高分辨率 Radon 变换虽然没有像迭代的高分辨率 Radon 变换那样使得有效信号损失较大，但是也会对有效信号造成少许损失，而普通 Radon 变换几乎不会造成有效信号的损失。综合考虑，虽然高分辨率 Radon 变换能很好地改善普通 Radon 变换存在的"端点效应"问题，但是在实际应用中处理大量地震数据时在时效上不及普通 Radon 变换。结合考虑对有效信号成分的保护方面，我们在实验中还是选取普通 Radon 变换作为二维 TFPF 的基础。

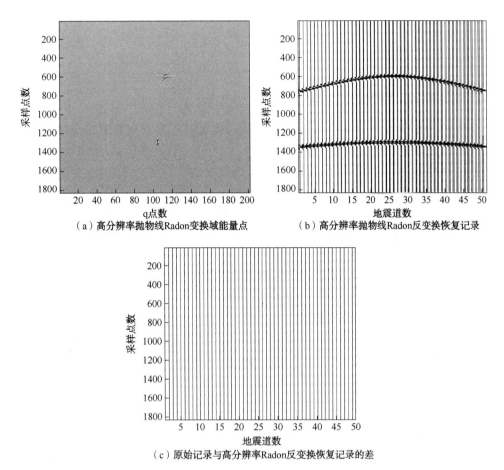

（a）高分辨率抛物线Radon变换域能量点 （b）高分辨率抛物线Radon反变换恢复记录

（c）原始记录与高分辨率Radon反变换恢复记录的差

图 5-9　非迭代高分辨率抛物线 Radon 变换对纯净的弯曲同相轴记录的正反变换

第 2 节　基于 Radon 变换的 TFPF 方法原理

　　本文中提出的时空二维 TFPF 方法是利用 Radon 变换的时空变换特性对一个地震记录中的反射同相轴进行识别，然后沿着同相轴的方向进行滤波，这样就为 TFPF 方法提供了空间上的滤波方向，而不再是沿着地震道方向进行时间维滤波。这个方向是 Radon 变换中的积分路径的斜率或者曲率参数提供的。如果积分路径是线性的，滤波方向就是沿着斜率方向；如果积分路径是抛物线、双曲线或者其他曲线，那么滤波方向就是沿着曲率参数所指的方向。原始地震记录是 (t, h) 域上的数据，t 为时间，h 为偏移距。通过 Radon 变换将地震记录中的同相轴沿着一定的积分路线进行叠加，在 Radon 域上（记为 (τ, p) 或 (τ, q)，τ 为截距时间，

p 为斜率参数，q 为曲率参数)聚焦成为不同位置上的能量子波，从而起到了识别同相轴的作用。然后在 Radon 域上沿着 p 或 q 方向进行 TFPF 处理，实现时空域滤波的目的。

一、脊波(Ridgelet)变换原理

Radon 域 TFPF 方法最初是受脊波(Ridgelet)变换的启发而提出的，脊波变换对含直线奇异的多变量函数可以达到最优的逼近阶。脊波变换是基于线性 Radon 变换的小波(Wavelet)变换，即将原始数据中有效信号的变化特征通过线性 Radon 变换转化为 Radon 域上的变化特征，然后在 Radon 域上进行一维小波变换，对 Radon 域中得到的小波系数进行阈值处理，最后通过脊波反变换得到去噪信号。图 5-10 展示了 Radon 变换与二维傅里叶变换和脊波变换之间的关系。

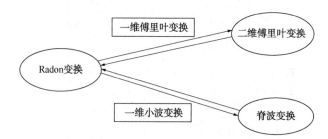

图 5-10 Radon 变换、Fourier 变换和 Ridgelet 变换之间的关系

一维小波变换定义为：

$$CWT_f(a, b) = \int_R \psi_{a, b}(x) f(x) \mathrm{d}x \tag{5-44}$$

定义函数 $f(x) = f(x_1, x_2)$ 在欧式空间中的 Radon 变换为：

$$R_f(\theta, t) = \int_{R^2} f(x) \delta(x_1 \cos\theta + x_2 \sin\theta - t) \mathrm{d}x \tag{5-45}$$

它将平面上的一条直线映射为 Radon 域上的一个点，然后再做小波变换后就可得到与用小波处理一个点一样的效果。把这种处理算法表示为：

$$CRT_f(a, b, \theta) = \int_R \psi_{a, b}(t) R_f(\theta, t) \mathrm{d}t \tag{5-46}$$

Ridgelet 弥补了 Wavelet 的不足，它用线参数取代了点参数。Wavelet 变换是逐点刻画点的奇异性，而 Ridgelet 变换是沿着脊线刻画线的奇异性。Ridgelet 变换是沿着线性 Radon 变换的积分方向做一维 Wavelet 变换得到的，即 Ridgelet 变换可以表示为线性 Radon 切片上的一维 Wavelet 变换。Ridgelet 逆变换是沿着每一个方向做一维 Wavelet 逆变换，然后进行 Radon 反变换来得到。因此，Ridgelet 变换可以通过线性 Radon 变换和一维 Wavelet 变换间接地来实现。Ridgelet 变换因其

良好的线特征提取能力及方向信息表示能力，在图像去噪、图像压缩、图像增强、数字水印等方面已经有了很好的应用。

由于 Ridgelet 变换可以更好地表征信号的线状特征，所以在地震信号处理中利用 Ridgelet 能很好地处理含有直线状同相轴或近似直线状同相轴的地震资料。但是，在实际地震资料中，同相轴的形状是多种多样的，弯曲状同相轴居多，为了处理好这类资料，就得将线性 Radon 域上的滤波发展到曲线 Radon 域中去做。因此，我们提出 Radon 域 TFPF 方法。该方法结合了 Radon 变换和 TFPF 方法各自的优势，即利用 Radon 变换的空间特性和 TFPF 方法的时频特性，为地震资料中随机噪声的压制及反射同相轴的提取提供了一个新的途径。图 5-11 所示的是基于 Radon 变换的 TFPF 方法流程。

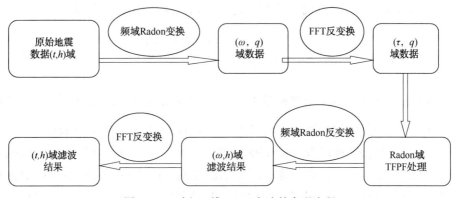

图 5-11　时空二维 TFPF 方法的实现流程

图 5-11 将时空二维 TFPF 方法的步骤简要地表达出来，其操作步骤就是先对原始地震数据采用不同类型的 Radon 变换进行叠加，各同相轴在 Radon 域中就会被聚焦为位置不同的能量子波，然后对这些能量子波进行 TFPF 处理，就可以得到 Radon 域中的滤波结果，最后通过 Radon 反变换将 Radon 域中的滤波结果变换到时间-偏移距域，就可得到最终的滤波数据。

二、Radon 域 TFPF 方法的原理

Radon 变换公式可以在极坐标系表示，也可以在直角坐标系表示。本文采用的是本章第 1 节所介绍的变换公式。假设原始含噪数据可表示为 $s(t) = x(t) + n(t)$（与第 2 章中的模型一致），那么采用 Radon 域 TFPF 方法进行处理的步骤可写为：

（1）先将原始含噪数据通过频域 Radon 变换，将 $U = L^H D$ 变换到 Radon 域中，得到 $U(\omega, q)$（为了简化表达，这里将线性 Radon 和曲线 Radon 用同一个函数表

示，且斜率参数和曲率参数都用 q 表示）。

（2）然后将频域 Radon 域中的数据进行 Fourier 反变换，得到 $u(\tau, q)$，再将 $u(\tau, q)$ 代入 TFPF 方法的调频公式中，得到：

$$z_s(\tau, q) = e^{j2\pi\mu\int_0^\tau u(\lambda, q)\mathrm{d}\lambda} \tag{5-47}$$

式中，μ 为调频因子，是介于 0 和 1 之间的数，不宜过小也不宜过大，我们实验中取 0.5 或 0.6；q 为 Radon 变换的斜率或曲率参数。

（3）对 Radon 域中的调频信号计算其 PWVD，得到 $PW_{z_s}(\tau, q, f)$。

$$PWVD_{z_s}(\tau, q, f) = \int_{-\infty}^{+\infty} h(t) z_s\left(\tau + \frac{t}{2}, q\right) z_s^{*}\left(\tau - \frac{t}{2}, q\right) e^{-j2\pi ft} \tag{5-48}$$

（4）将 $PW_{z_s}(\tau, q, f)$ 代入 TFPF 方法的峰值估计公式中，得到：

$$\hat{x}(\tau, q) = \hat{f}_{z_s}(\tau, q) = \frac{\underset{f}{\mathrm{argmax}}\left[PW_{z_s}(\tau, q, f)\right]}{\mu} \tag{5-49}$$

（5）通过频域 Radon 反变换及 Fourier 反变换将 $\hat{x}(\tau, q)$ 变换到时间-偏移距 $(t-h)$ 域中，最后得到的 $\hat{x}(t, h)$ 就是经过 Radon-TFPF 处理后的数据。

从以上所列公式可以看出，TFPF 的原理公式中多了一个表征滤波方向的参数 q，这个参数实际上代表着地震同相轴的走向。改进后的方法不再按照传统 TFPF 方法对地震记录沿着道方向进行滤波，而是沿着同相轴的走向进行滤波，这样能够充分利用地震同相轴的时空相关性，从而使得恢复出来的同相轴更清晰连贯，更有利于地震资料的后续处理。需要指出的是，对于传统 TFPF 方法和 Radon-TFPF 方法，我们在滤波时选取的窗长是一样的，这样得到的滤波结果才具有可比性。

我们采用 Radon 域 TFPF 方法处理地震数据时，多选用线性 Radon 变换和抛物线 Radon 变换。对于呈双曲状的地震同相轴我们采用抛物线 Radon 变换的原因是：一般的双曲线 Radon 变换是时变的，不能在频域实现，而时不变双曲线 Radon 变换虽然可以在频域实现，但是较之于抛物线 Radon 变换多出一个表示参考深度的参数 z_{ref}，这个参数的选取对变换结果的影响很大，需选取合适的值才能得到较理想的结果。另外，抛物线 Radon 变换中的路径 $t = \tau + qh^2$ 相当于取双曲时距曲线泰勒展开式的前两阶 $t = \sqrt{\tau^2 + \dfrac{h^2}{v^2}} \approx \tau + \dfrac{1}{2v^2\tau}h^2$，基本上可以近似表达双曲状同相轴。综合考虑后，我们选用线性 Radon 变换来拟合直线状同相轴，用抛物线 Radon 变换来拟合弯曲同相轴。

第3节　Radon 域 TFPF 方法压制地震勘探随机噪声的应用

Radon 域 TFPF 方法是利用 Radon 变换来识别地震数据中的反射同相轴，将这些同相轴沿着不同的路径进行叠加，在 Radon 域中聚焦为不同位置的能量子波，对这些能量子波沿着斜率或曲率参数所表征的方向进行 TFPF 处理，从而相当于沿着同相轴的走向进行滤波，因此能够很好地恢复提取有效同相轴，使同相轴更加清晰、连续性更好。下面我们通过实验来验证该方法的实用性和有效性。

一、模拟地震记录实验

我们先分别采用传统 TFPF 方法和抛物线 Radon 域 TFPF 方法对一个含有 3 个弯曲同相轴、信噪比大约为−9dB 的 50 道模拟地震记录进行实验并分析实验结果。这个模拟记录中形成 3 个同相轴的雷克子波主频分别为 50Hz、40Hz 和 35Hz，层速度分别为 1200m/s、1300m/s 和 1500m/s，采样间隔为 0.001s，道间距为 20m。通过计算，对于两种方法我们选取窗长为 9 进行滤波处理，结果如图 5-12 和图 5-13 所示。

从图 5-12 和图 5-13 中可以看出，Radon 域 TFPF 方法对含噪记录中背景噪声的消减要优于传统 TFPF 方法，且滤波后同相轴更清晰连贯。另外，我们将原始含噪记录与两种方法滤波后的记录分别做差，得到的差记录与原始噪声记录相比，Radon 域 TFPF 的差记录与原始噪声记录更接近，说明该方法使得滤波结果的偏差更小。我们抽出单道波形进行对比，如图 5-14 和图 5-15 所示。

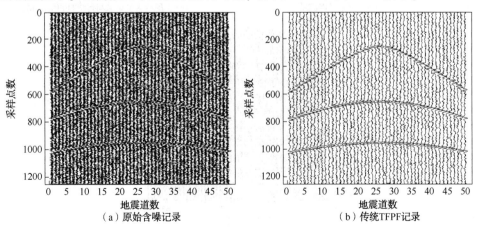

图 5-12　传统 TFPF 方法与 Radon 域 TFPF 方法对含噪的模拟地震记录的滤波比较

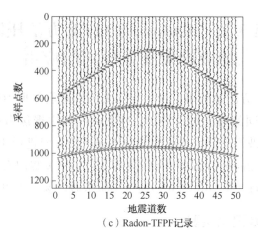

（c）Radon-TFPF记录

图 5-12 传统 TFPF 方法与 Radon 域 TFPF 方法对含噪的模拟地震记录的滤波比较(续)

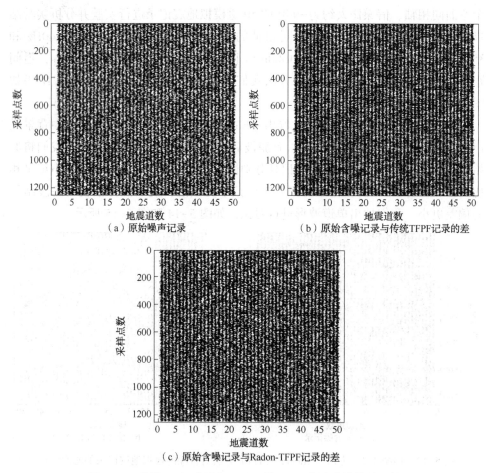

（a）原始噪声记录

（b）原始含噪记录与传统TFPF记录的差

（c）原始含噪记录与Radon-TFPF记录的差

图 5-13 传统 TFPF 方法与 Radon 域 TFPF 方法滤波的差比较

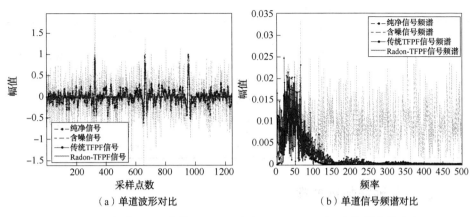

（a）单道波形对比   （b）单道信号频谱对比

图 5-14 含噪记录、传统 TFPF 记录及 Radon-TFPF 记录某道波形对比

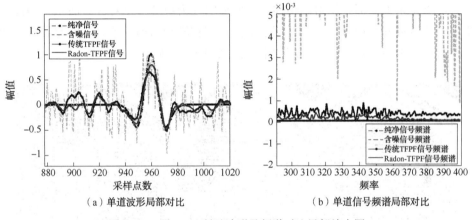

（a）单道波形局部对比   （b）单道信号频谱局部对比

图 5-15 图 5-14 所示波形及频谱对比局部放大图

从图 5-14 和图 5-15 中可以看出，无论是单道波形对比还是频谱比较，Radon-TFPF 方法处理后的信号更接近于纯净信号，特别是波峰波谷处的保真度较高。且该方法对随机噪声的消减力度更大，信号的频谱较之于传统 TFPF 信号的频谱更为平滑，很多因随机噪声而引起的尖峰变得比较平坦。

单道波形对比和频谱比较都是对滤波结果的定性分析，我们计算原始含噪记录、传统 TFPF 记录及 Radon-TFPF 记录的信噪比和均方误差来定量分析实验结果（见表 5-1）。

从表 5-1 中可以看出，Radon-TFPF 方法对原始记录信噪比的提高较之于传统 TFPF 方法更多，而均方误差更小，再次验证了 Radon-TFPF 方法在随机噪声压制和滤波偏差减小方面更具优势。

表 5-1 各个记录的信噪比及均方误差

原始含噪记录/dB	传统 TFPF 记录/dB	均方误差	Radon TFPF 记录/dB	信噪比
10	13.1420	3.8567×10^{-4}	13.8897	3.2467×10^{-4}
5	11.1338	6.1240×10^{-4}	12.7709	4.2008×10^{-4}
0	7.8542	0.0013	10.5145	7.0625×10^{-4}
-5	3.4391	0.0036	6.8038	0.0017
-9	-0.3913	0.0087	3.1058	0.0039

二、实际地震数据处理

我们分别采用传统 TFPF 方法和 Radon-TFPF 方法对一个实际共炮点记录进行处理。该共炮点记录为 4ms 采样,共有 168 道,偏移距为 -3071~3108m。由于该共炮点记录上半部分反射同相轴的几何形状较为规则,呈对称弯曲状,因此采用抛物线 Radon 变换进行拟合;而下半部分同相轴较为琐碎平直,因此我们采用线性 Radon 变换进行拟合。处理效果对比如图 5-16 所示。

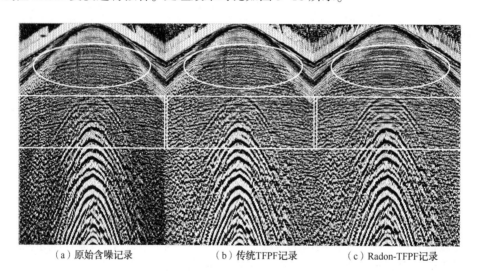

（a）原始含噪记录　　　　　　（b）传统TFPF记录　　　　　　（c）Radon-TFPF记录

图 5-16 传统 TFPF 方法与 Radon-TFPF 方法对实际地震记录的滤波比较

从图 5-16 中可以看出,经 Radon-TFPF 处理后的实际地震记录中的同相轴较之于传统 TFPF 处理后的记录中的同相轴更加清晰连贯,值得注意的是,一些原本被噪声湮没的同相轴也显现了出来。图 5-16 中椭圆框和矩形框标识出来的部分效果较为明显。同样,我们抽取出某道波形进行对比,对比效果如图 5-17 所示。

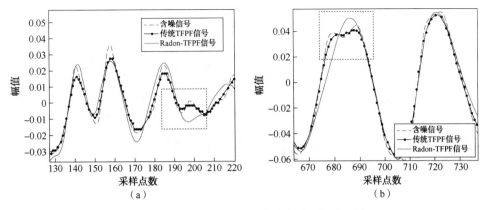

图 5-17   实际共炮点记录单道波形局部对比图

从图 5-17 中可以看出，Radon-TFPF 方法可以将实际记录中的信号波形进行较好的恢复，有些受噪声干扰而产生畸变的地方变得饱满光滑起来，如图中黑色虚线框标识出来的部分。我们再做一下单道波形的频谱比较，效果如图 5-18 所示。

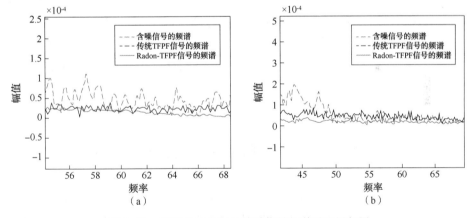

图 5-18   实际共炮点记录单道信号频谱对比局部图

从图 5-18 中可以看出，传统 TFPF 方法与 Radon-TFPF 方法都能有效地压制随机噪声。但是，经 Radon-TFPF 方法处理后的信号的频谱更为平滑，原本存在很多毛刺或尖峰的地方都变得更为平坦。由此说明该方法较之于传统 TFPF 方法具有更强的随机噪声消减能力。因此，从对有效信号的提取和随机噪声的压制两方面来综合考虑，Radon-TFPF 方法都具有较大的优势。

第6章 基于局部 Radon 变换的时空二维 TFPF 方法压制地震勘探随机噪声

第1节 局部时空 TFPF 方法提出的原因

第5章介绍了全局 Radon 变换的原理，以及基于全局 Radon 变换的时空二维 TFPF 方法原理及其在地震勘探信号处理中的应用。对于具有规则几何形状的反射同相轴地震记录，全局意义上的 Radon 变换是非常适用的，能够很好地对有效信号进行识别，将其在 Radon 域上聚焦成位置不同的能量点。继而可以采用不同的信号处理手段达到不同的目的。前面介绍过的 Radon 域 TFPF 方法就是在全局 Radon 域上进行 TFPF 处理。在本章中，我们为了使该方法具有普适性和灵活性，即将该方法推广到能够处理具有不规则几何形状的反射同相轴地震记录的应用范围上。根据一般规律，很多算法是通过加窗使算法本身具有了局部性，以此来很好地跟踪待处理对象的局部变化特性，从而得到更好的处理效果。

第2节 局部 Radon 域 TFPF 原理

Radon 变换在图像处理中已经有很长的历史，主要是作为特征提取的工具。在勘探地震学中，该变换受限于简单的积分路径常常不能很好地跟踪近似地震反射同相轴的时空变化特征。局部 Radon 变换是受 M. D. Sacchi 等人提出的地震数据重构广义卷积方法的启示，进而发展和推广开来的。最初提出的广义卷积方法有两方面的作用，一方面是给我们提供任意类型的积分路径，另一方面是可以通过局域波场分解来表征地震数据。

一、局部线性 Radon 变换

文献中提到的局部线性 Radon 变换为：

$$L(\omega, h, p) = w(h) D(\omega) e^{-j\omega hp}, \quad a < h < b \tag{6-1}$$

式(6-1)是频域表达式，其中的 $D(\omega)$ 为原始地震数据的频域值；a、b 是窗口函数 $w(h)$ 的上下限，用来确定一个局部区域，在此区域中进行 Radon 变换。

文献主要研究了局部 Radon 变换在地震数据插值方面的应用。作者给出了局部线性 Radon 变换的时域公式，如下所示：

$$u(\tau, p, h_a) = \sum_{h=h_a+h_{\min}}^{h_a+h_{\max}} d[h, t = \tau + p(h - h_a)] \tag{6-2}$$

其反变换公式为：

$$d'(t, h) = \sum_{h_a=h-h_{\max}}^{h-h_{\min}} \sum_{p=p_{\min}}^{p_{\max}} u[\tau = t - p(h - h_a), p, h_a] \tag{6-3}$$

式中，h_a 为局部 Radon 变换中所定义的局部区域的顶点，以此顶点定义空间局部窗，使在窗内的同相轴具有近乎相同的倾斜程度或者弯曲程度；$h-h_a$ 为相对于顶点 h_a 的偏移距，确定了局部窗的大小。在局部区域中所做的 Radon 变换，我们称之为 Radon 变换切片。由此我们得知，局部 Radon 变换实质上是用一组相邻的 Radon 变换切片的组合来跟踪原始数据中各个同相轴的横向变化趋势，以更好地拟合原始数据，使其中的有效信号在 Radon 域上的能量聚焦。

我们依照第 5 章中介绍的 Radon 变换的频域实现公式，推导出式(6-2)和式(6-3)的频域实现公式如下：

$$U(\omega, q, h_a) = \sum_{h=h_a+h_{\min}}^{h_a+h_{\max}} D(\omega, h) \exp[j\omega q(h - h_a)] \tag{6-4}$$

$$D'(\omega, h) = \sum_{q=q_{\min}}^{q_{\max}} U(\omega, q, h_a) \exp[-j\omega q(h - h_a)] \tag{6-5}$$

式中，$L = \exp[-j\omega q(h-h_a)]$，为局部线性 Radon 变换的算子。可以看出，与全局 Radon 变换不同的是，局部 Radon 变换中的偏移距为相对偏移距。

二、局部抛物线 Radon 变换

局部抛物线 Radon 变换为：

$$L(\omega, h, q) = w(h) D(\omega) e^{-j\omega h^2 q}, \quad a < h < b \tag{6-6}$$

同式(6-1)一样，这是个频域公式。依照式(6-2)，我们可以写出局部抛物线 Radon 变换的时域公式：

$$u(\tau, q, h_a) = \sum_{h=h_a+h_{\min}}^{h_a+h_{\max}} d[h, t = \tau + q(h - h_a)^2] \tag{6-7}$$

其反变换公式为：

$$d'(t, h) = \sum_{h_a=h-h_{\max}}^{h-h_{\min}} \sum_{q=q_{\min}}^{q_{\max}} u[\tau = t - q(h - h_a)^2, q, h_a] \tag{6-8}$$

同样，我们也推导出式(6-7)和式(6-8)的频域实现公式，如下所示：

$$U(\omega,\ q,\ h_a) = \sum_{h=h_a+h_{\min}}^{h_a+h_{\max}} D(\omega,\ h)\exp\left[j\omega q\ (h-h_a)^2\right] \qquad (6-9)$$

$$D'(\omega,\ h) = \sum_{q=q_{\min}}^{q_{\max}} U(\omega,\ q,\ h_a)\exp\left[-j\omega q\ (h-h_a)^2\right] \qquad (6-10)$$

在一般情况下，给一些算法加窗使窗内的信号近似线性，就会使很多问题简单化。我们采用局部 Radon 变换就是想对具有不规则几何形状的反射同相轴进行分段处理，使每个时空窗内的同相轴都具有简单的几何形状，或者是具有近乎相同斜率的直轴，或者是弯曲程度近乎相同的曲线状同相轴。这样，我们就可以在一个窗内选取一组参数进行 Radon 变换，使这个窗内的同相轴都能聚焦，从而为我们后续的滤波处理提供良好的前提条件。

三、局部 Radon-TFPF 的实现步骤

类似于第 5 章中描述的 Radon-TFPF 的实现过程，局部 Radon-TFPF 的实现步骤如下：

(1)将原始数据通过频域局部 Radon 变换得到 $U(\omega,\ q,\ h_a)$，然后做 Fourier 反变换得到 $u(\tau,\ q,\ h_a)$，将其进行调频，得到：

$$z_s(\tau,\ q,\ h_a) = e^{j2\pi\mu\int_0^\tau u(\lambda,\ q,\ h_a)d\lambda} \qquad (6-11)$$

(2)计算调频信号的 PWVD 并将其代入 TFPF 方法的峰值估计公式中，得到：

$$\hat{x}(\tau,\ q,\ h_a) = \hat{f}_z(\tau,\ q,\ h_a) = \frac{\underset{f}{\mathrm{argmax}}\left[PW_{z_s}(\tau,\ q,\ h_a,\ f)\right]}{\mu} \qquad (6-12)$$

(3)通过频域局部 Radon 反变换及 Fourier 反变换，将 $\hat{x}(\tau,\ q,\ h_a)$ 变换到时间–偏移距 $(t–h)$ 域中，最后得到的 $\hat{x}(t,\ h)$ 就是经过局部 Radon-TFPF 处理后的数据。

综上所述，局部 Radon-TFPF 方法就是在空间窗内做 Radon 变换然后进行 TFPF 处理。这样做可以更好地跟踪反射同相轴的变化特征，特别是对于具有不规则几何形状的同相轴能够更好地进行识别处理。该方法是基于 Radon 变换的时空二维 TFPF 方法的推广，使得 Radon 域 TFPF 方法具有普适性和灵活性。

第 3 节　局部 Radon 域 TFPF 方法压制
地震勘探随机噪声的应用

在我们所获取的实际地震数据中，反射同相轴大多都具有不规则的几何形

状。对于这些同相轴我们不能采用全局意义上的 Radon 变换，因为全局 Radon 变换中的路径具有对称的或规则的几何形状，不能很好地反映具有不规则几何形状的同相轴的真实特点。因此，我们必须采用局部 Radon 变换来跟踪这些同相轴的变化特征，从而为后续的 TFPF 处理提供真实的滤波基础。下面我们通过对模拟地震记录和实际地震数据的处理来验证局部 Radon 域 TFPF 方法的普适性和有效性。

一、模拟地震记录实验

我们先对一个含有两个不规则几何形状的弯曲同相轴模拟地震记录进行实验，组成该记录的两个同相轴的雷克子波主频分别为 30Hz 和 25Hz，采样间隔为 0.001s，共有 60 道地震波，每道有 2000 个采样点，道间距为 20m。为其加入 WGN 使得整个记录的信噪比大约为-9dB。不含噪记录、加噪记录及噪声记录如图 6-1 所示。由于局部 Radon-TFPF 方法具有局部处理的功效，因此我们在将其与传统 TFPF 方法进行对比的同时，也将其与同样属于局部方法的第一代 Curvelet 方法进行对比。下面是分别采用传统 TFPF 方法、局部 Radon-TFPF 方法及第一代 Curvelet 方法进行滤波处理的实验效果，如图 6-2 所示。

从图 6-2 所示的实验结果中可以看出，虽然第一代 Curvelet 阈值方法对含噪记录中背景噪声的消减是非常有效的，但是由于 Curvelet 方法本身的原因会在处理结果中出现"曲波状"伪影，伴随着在波形上将会出现不光滑的毛刺现象。而且采用该方法处理图像或地震数据时，要求每次处理的数据采样点数为 2^N，这样就增加了运算复杂度，降低了运算效率。而局部 Radon 域 TFPF 方法无论在随机噪声消减方面还是同相轴的清晰度和保真度方面，都优于传统 TFPF 方法和第一代 Curvelet 阈值去噪方法。

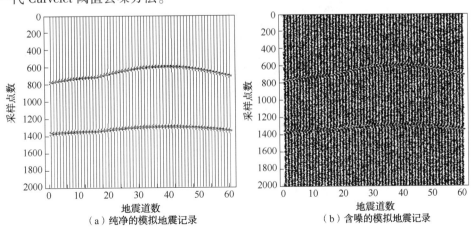

图 6-1　含有不规则几何形状同相轴的模拟地震记录实验

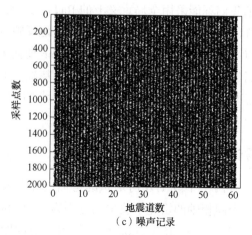

（c）噪声记录

图 6-1   含有不规则几何形状同相轴的模拟地震记录实验(续)

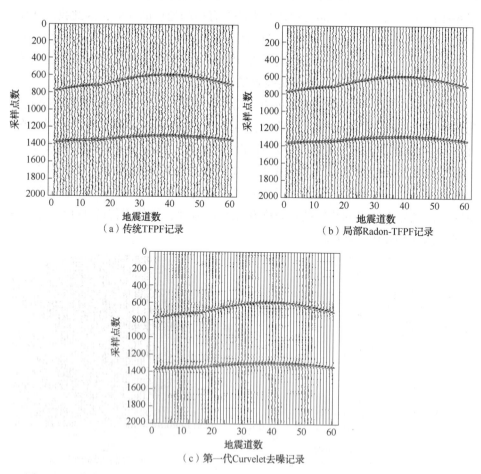

（a）传统TFPF记录

（b）局部Radon-TFPF记录

（c）第一代Curvelet去噪记录

图 6-2   3种方法对含噪的、具有不规则几何形状同相轴的模拟地震记录的滤波比较

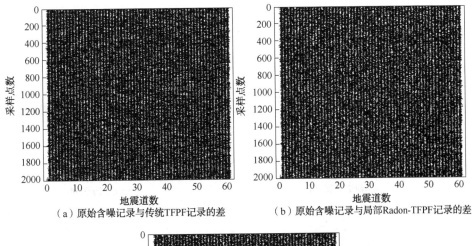

（a）原始含噪记录与传统TFPF记录的差　　　　（b）原始含噪记录与局部Radon-TFPF记录的差

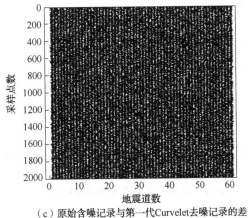

（c）原始含噪记录与第一代Curvelet去噪记录的差

图6-3　原始含噪记录与3种方法滤波记录的差比较

从图6-3所示的差记录图可以看出，传统TFPF方法的差记录与原噪声记录相差较大，而局部Radon-TFPF方法和第一代Curvelet方法的差记录与原噪声记录非常接近。也就是说，后两种方法滤波后，使得整个记录的偏差较小。下面我们还需对单道波形进行对比，观察3种方法滤波后信号波形的性状。从原始含噪记录、纯净记录及3种方法滤波后的记录中各抽取出单道波形进行对比，分别有浅层子波和深层子波的对比，如图6-4所示。

从图6-4中可以看出，由第一代Curvelet阈值方法去噪后的波形虽然在整体趋势上与理想波形较为贴近，但是在信号的保真度和光滑度上不及局部Radon域TFPF方法。传统TFPF方法滤波后的信号波形虽然比较光滑，但是波形起伏较大，偏离理想信号波形的程度较大。综合比较，局部Radon域TFPF方法在3种方法中最优。

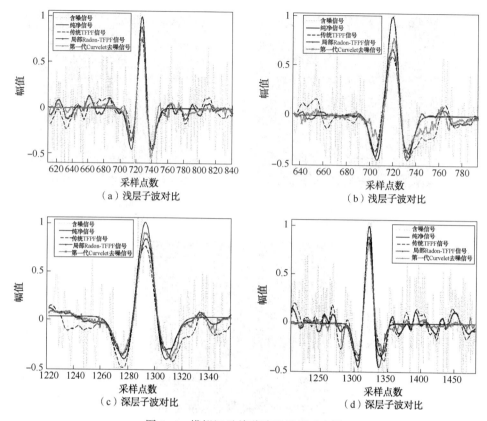

图 6-4　模拟记录单道波形局部对比图

以上实验是在较为平稳的高斯白噪声环境中进行的，下面我们还需要验证局部 Radon 域 TFPF 方法在具有不均匀分布的随机噪声环境中，特别是对于地震记录中被强噪声污染的信号是否有效。我们模拟一个既含有弯曲同相轴又含有倾斜的直线状同相轴的模拟地震记录。记录中形成弯曲同相轴的雷克子波主频为 30Hz，形成直线状同相轴的雷克子波主频分别为 25Hz 和 20Hz，采样间隔为 0.001s。整个记录共有 80 道地震波，每道有 2500 个采样点，道间距为 10m。实验结果如图 6-5 所示。

从图 6-5 所示的实验效果可以看出，传统 TFPF 方法对于记录中受强噪声污染的部分显得能力欠缺。在滤波后的记录中用椭圆框和矩形框标记出来的部分可以看到，有较多噪声仍然残留在记录中，同相轴仍然受到干扰或者截断，其清晰度和连续性受到较大影响。而局部 Radon-TFPF 方法处理后的记录中，强噪声基本上都被消减掉了，被噪声污染的同相轴变得清晰且连续性较好。在图 6-5(b)、图 6-5(c)、图 6-5(d)中，对于椭圆框 1 标记的部分，传统 TFPF 记录中仍有噪

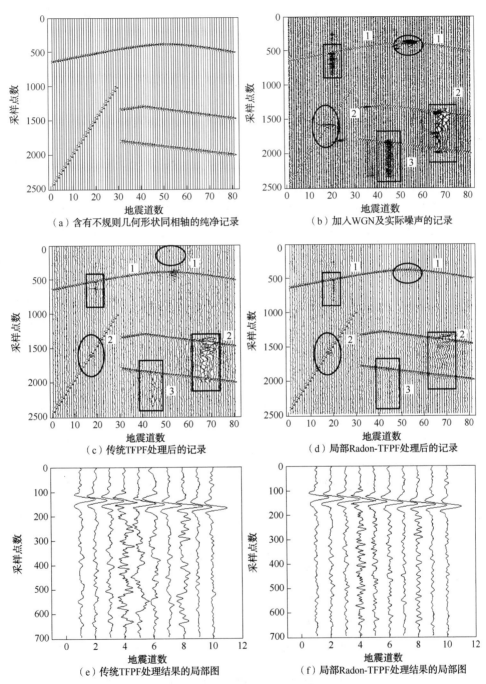

（a）含有不规则几何形状同相轴的纯净记录

（b）加入WGN及实际噪声的记录

（c）传统TFPF处理后的记录

（d）局部Radon-TFPF处理后的记录

（e）传统TFPF处理结果的局部图

（f）局部Radon-TFPF处理结果的局部图

图 6-5　传统 TFPF 与局部 Radon-TFPF 对加噪的、含有不规则几何形状
同相轴的模拟地震记录的滤波比较

声残留，而局部 Radon-TFPF 记录中几乎没有噪声残留且同相轴清晰连贯；在椭圆框 2 中，虽然传统 TFPF 方法和局部 Radon-TFPF 方法都很好地去除了强噪声，但是局部 Radon-TFPF 记录中同相轴的保真度较高，而传统 TFPF 记录中同相轴的恢复效果较差，有些地方的同相轴没有被很好地恢复出来。对于矩形框 1 中的部分，传统 TFPF 记录中仍有强噪声残留，表现为幅值较大的脉冲噪声，而局部 Radon-TFPF 将强噪声几乎都去掉了，只剩下些许波动幅度较小的噪声；在矩形框 2 中，波动幅度很大的强噪声在传统 TFPF 记录中残留较多，而在局部 Radon-TFPF 记录中残留较少；受到干扰的两个同相轴的恢复程度也有所差别，传统 TFPF 方法没有很好地恢复出同相轴，而局部 Radon-TFPF 方法对同相轴恢复得较好，特别是较深层的同相轴恢复得更好些，原本被强噪声打断的部分现已变得清晰、连续起来。在矩形框 3 中，传统 TFPF 记录中仍有起伏程度较大的噪声残留，而局部 Radon-TFPF 记录中几乎不存在这些噪声了，同相轴也比较清晰、连续性较好。图 6-5(e) 和图 6-5(f) 分别是图 6-5(c) 和图 6-5(d) 中矩形框 3 所标记的地震记录。可以看出，在传统 TFPF 记录中，噪声的起伏仍然较大，有效的地震子波仍受到干扰而使得同相轴的连续性不够好；而在局部 Radon-TFPF 记录中，噪声的波动幅度明显减小，有效的地震子波受到的干扰也明显减小，同相轴连续性很好。

为了更好地分析各种方法对随机噪声的压制和对有效信号的提取性能，下面我们对实验中各记录的某道信号的频谱进行比较并加以分析，如图 6-6 所示。

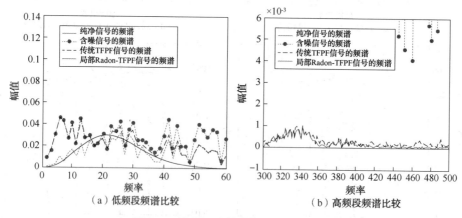

（a）低频段频谱比较 （b）高频段频谱比较

图 6-6 模拟记录单道信号频谱对比图

图 6-6(a) 所展示的是信号的低频段频谱比较，可以看出，局部 Radon-TFPF 方法对于低频噪声的消除非常有效，因此使其对有效信号的恢复优于传统 TFPF 方法。图 6-6(b) 所展示的是信号的高频段频谱比较，同样，局部 Radon-TFPF

方法对于高频随机噪声的压制也好于传统 TFPF 方法，频谱更加平滑，原本由噪声造成的尖峰现已变得平坦缓和。综上所述，我们定性地验证了局部 Radon-TFPF 方法对于被非均匀的随机噪声污染的、含有不规则几何形状同相轴的地震记录，无论在随机噪声的压制方面还是同相轴的恢复提取方面，都能达到较之于传统 TFPF 方法更优的效果。下面我们分别计算出两个模拟记录实验中原始加噪记录、传统 TFPF 记录及局部 Radon-TFPF 记录的信噪比和均方误差来定量分析实验结果，数据如表 6-1 所列。

表 6-1　各记录的信噪比及均方误差

信噪比及均方误差	加噪记录		传统 TFPF 记录		局部 Radon-TFPF 记录	
	1	2	1	2	1	2
信噪比/dB	−8.9846	−8.8685	1.2281	−2.8216	4.8778	2.5419
均方误差	0.0868	0.0960	0.0083	0.0238	0.0036	0.0069

在表 6-1 中，1 表示图 6-1(b)所示的含噪记录及其经传统 TFPF 方法和局部 Radon-TFPF 方法处理后的记录，2 表示图 6-5(b)所示的含噪记录及其经传统 TFPF 方法和局部 Radon-TFPF 方法处理后的记录。从表中数据我们可以看出，传统 TFPF 方法与局部 Radon-TFPF 方法都可以使原始加噪记录的信噪比有所提高且均方误差有所减小，但是局部 Radon-TFPF 方法在信噪比方面提高得更多，在均方误差上减小得更多。从而反映出局部 Radon-TFPF 方法使得 TFPF 在滤波时的偏差有所减小，在有效信号的提取上有所增强。

二、实际地震数据处理

从上述模拟地震记录实验中，我们已初步验证了局部 Radon-TFPF 方法对于含有不规则几何形状同相轴的地震记录的适用性和有效性，我们还需要通过对实际共炮点地震记录和地震剖面进行处理来验证该方法的优良性能。下面是一个 4ms 采样的共炮点地震记录，共有 168 道，每道 2000 多点，如图 6-7 所示。

从图 6-7 中可以看出，该记录中的反射同相轴具有不规则的几何形状，白色梯形框、椭圆框及矩形框所标记出来的部分为受噪声污染比较明显的同相轴区域。我

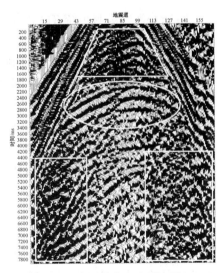

图 6-7　实际共炮点地震记录

们采用小波软阈值方法、传统 TFPF 方法及局部 Radon-TFPF 方法分别处理该记录，所得结果如图 6-8 所示。

从图 6-8 可以看出，db3 小波软阈值方法对于图 6-7 所示的实际地震记录没有很好地去除随机噪声，同相轴的恢复效果也不好。传统 TFPF 方法稍好于小波方法，但是整体效果也不是很理想。局部 Radon-TFPF 方法明显好于前两种方法，图中梯形框中的噪声被大量去除，且同相轴清晰可见；椭圆框中的同相轴非常清晰连贯；底下两个矩形框中的去噪效果也非常明显，同相轴清晰可见。

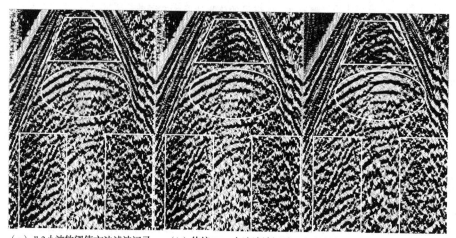

（a）db3小波软阈值方法滤波记录　　（b）传统TFPF方法滤波记录　　（c）局部Radon-TFPF方法滤波记录

图 6-8　3 种方法滤波结果比较

分析小波方法与传统 TFPF 方法对于此记录处理效果不佳的原因，可以得知，该记录中含有较低频的随机噪声。由于小波方法和 TFPF 方法都是基于提取有效信号的方法，如果随机噪声的频率与有效信号的频率相近，那么这些方法很难将有效信号提取出来。因此，那些低频噪声就与有效信号同时被保留了下来。而局部 Radon-TFPF 方法很好地利用了地震同相轴之间的时空相关性，先采用局部 Radon 变换将同相轴初步识别出来。由于局部 Radon 变换可以将地震数据沿着与同相轴走向几乎一致的路径进行叠加，在局部 Radon 域中得到一个个能量子波，然后对这些能量子波进行 TFPF 处理，最后再通过局部 Radon 反变换将滤波后的值变换到时间-偏移距域中，得到最终的滤波数据。因此，局部 Radon-TFPF 方法对含有不规则几何形状同相轴的地震记录在随机噪声压制和有效同相轴的提取方面均具有较佳的能力。

由于实际地震记录没有纯净记录可参考，通过滤波后原先被噪声所湮没的同相轴显现了出来，但不知此种现象是否正确，所以我们可以在原来的实际记录中再加入一些较高频的实际地震噪声进行验证。将一些强噪声加在原始记录中同相

轴较明显的地方，这些噪声会把原来能看
到的同相轴掩盖住，如果滤波后能够使被
掩盖住的同相轴显现出来，说明由该方法
滤波得到的结果是正确的。图 6-9 为加噪
后的实际记录，白色梯形框、椭圆形框及
矩形框标记出噪声较强的部分，分别采用
小波软阈值方法、传统 TFPF 方法及局部
Radon-TFPF 方法进行处理，实验结果如
图 6-10所示。

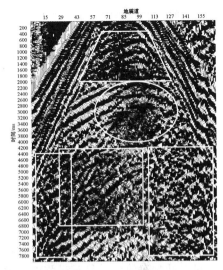

图 6-9　加噪的实际共炮点地震记录

　　从图 6-10 中可以看出，小波阈值方法
滤波后的记录中，虽然去除了一部分强噪
声，但是依然有强噪声残留，被掩盖住的
同相轴没有很好地显现出来。传统 TFPF 方
法优于小波阈值方法，大多数强噪声被滤

除掉，但是仍有少量残留，且同相轴的清晰度和连续性不佳。局部 Radon-TFPF
方法则能很好地去除强随机噪声，同时使得同相轴清晰地显露出来。被后来加入
的强噪声掩盖住的同相轴此时也显现了出来，从而验证了之前对原始记录的处理
中，局部 Radon-TFPF 能够有效地恢复提取同相轴这一结论的正确性。下面我们
分别从原始地震记录及其处理结果、加噪地震记录及其处理结果中抽取单道信
号，做其频谱进行比较，如图 6-11 所示。

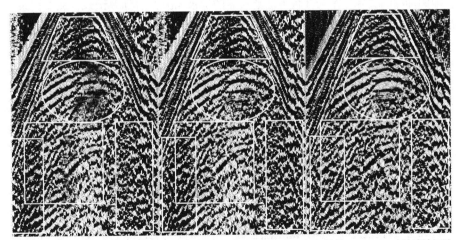

（a）db3小波软阈值方法滤波记录　　（b）传统TFPF方法滤波记录　　（c）局部Radon-TFPF方法滤波记录

图 6-10　三种方法滤波结果比较

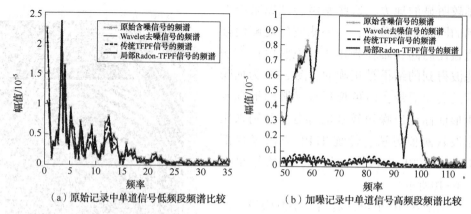

（a）原始记录中单道信号低频段频谱比较　　　　　（b）加噪记录中单道信号高频段频谱比较

图 6-11　实际地震记录单道信号频谱对比图

从图 6-11 中可以得到与模拟记录实验同样的结论，即局部 Radon-TFPF 方法对于低频有效信号具有较强的恢复能力，从另一方面反映出该方法对较低频噪声的压制是有效的。对于很强的高频随机噪声，小波软阈值方法能力欠佳，如果想很好地消减噪声，就要选用较大的阈值，那么有可能会损失有效信号，所以，为了保护有效信号，阈值的选取受到了限制，从而使得随机噪声的压制效果也受到了限制。传统 TFPF 方法与局部 Radon-TFPF 方法都能很好地消减高频随机噪声，但是后者得到的去噪效果要更好一些，从频谱上表现为更平滑一些。

评估一种好的滤波方法不仅仅观察其对随机噪声的压制力度是否强大，还得兼顾其是否有利于对有效信号的保护。因此，我们选取以上实验中实际记录的一部分做差，即用加噪的实际记录与 3 种方法滤波后的记录相减，得到差记录，从差记录中观察是否存在有效同相轴残留。图 6-12 所示的是加噪记录与 3 种滤波记录的差记录。

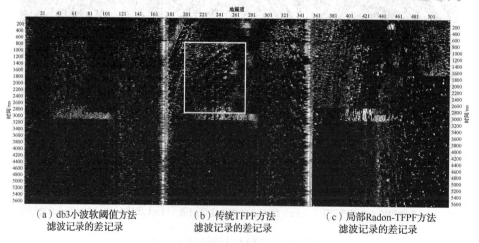

（a）db3小波软阈值方法　　　　（b）传统TFPF方法　　　　（c）局部Radon-TFPF方法
　　　滤波记录的差记录　　　　　　滤波记录的差记录　　　　　　滤波记录的差记录

图 6-12　加噪的实际记录与 3 种方法滤波结果的差记录

从差记录图 6-12 中可以看到，本文所采用的小波软阈值滤波方法几乎没有造成有效同相轴的损失，而传统 TFPF 方法对有效同相轴的损失较大，图 6-12(b) 中白色矩形框标记出来的部分就是差记录中残留的有效同相轴。局部 Radon-TFPF 方法对有效同相轴造成的损失很小，差记录中几乎没有残留。

共炮点记录只是实际地震数据中的一种，为了验证局部 Radon-TFPF 方法的普适性，我们再对实际的地震剖面进行处理。简单地描述地震剖面就是，它是由几个共炮点记录经过一系列处理得到的地震界面，原来共炮点记录中的同相轴变成了剖面中的界面信息，同样具有不规则的几何形状。选取一个视信噪比较高的剖面，这个剖面为 1ms 采样，共有 788 道地震波，每道 4500 个采样点。因前面的实验中已经验证了传统 TFPF 方法和局部 Radon-TFPF 方法在消减地震勘探随机噪声方面均优于小波阈值方法，所以对于这个剖面，我们只采用传统 TFPF 方法和局部 Radon-TFPF 方法进行处理，然后对比实验效果，如图 6-13 所示。

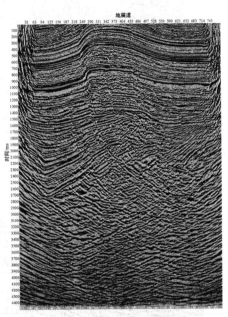

图 6-13 实际地震剖面

为了更好地验证局部 Radon-TFPF 方法的效力，我们给上述地震剖面中的部分区域加入一些块状的实际地震噪声，这些噪声的幅值很大，对原始地震数据造成的干扰很强。然后采用传统 TFPF 方法和局部 Radon-TFPF 方法分别对加噪后的剖面进行处理，得到的滤波结果如图 6-14 所示。

图 6-14 中白色矩形框标记出来的部分是原始剖面中受噪声污染的区域，我们可以看到，对于这个区域，两种方法均可以处理得很好，使界面信息清晰地显露出来。虚线矩形框标记出来的部分为后加入的实际噪声部分，这些区域由于加入了较强的随机噪声而使原本能够看得见的界面被遮盖了起来。通过采用传统 TFPF 方法和局部 Radon-TFPF 方法对其进行滤波，发现二者均可以很好地将这些随机噪声去除，但是对原来界面信息的恢复，前者逊于后者。因此，我们总结出，对于从块状强随机噪声中恢复有效信号，传统 TFPF 方法显得有些乏力，而局部 Radon-TFPF 方法不但可以较好地消减这些噪声，而且对有效信号的恢复效果也非常好，使得界面信息清晰度和连续性均达到较佳的程度。为了看得更清楚，我们截取出部分区域进行对比，效果如图 6-15 所示。

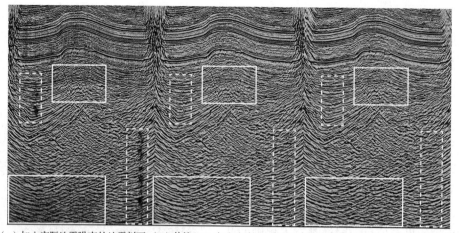

（a）加入实际地震噪声的地震剖面　（b）传统TFPF方法滤波后的剖面　（c）局部Radon-TFPF方法滤波后的剖面

图 6-14　传统 TFPF 方法与局部 Radon-TFPF 方法对加噪的
实际地震剖面进行滤波的结果

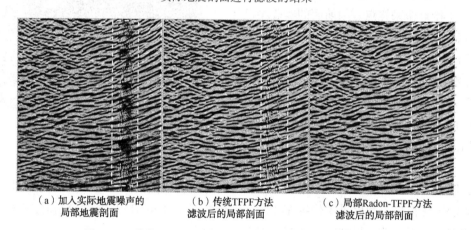

（a）加入实际地震噪声的　　　（b）传统TFPF方法　　　（c）局部Radon-TFPF方法
局部地震剖面　　　　　滤波后的局部剖面　　　　滤波后的局部剖面

图 6-15　传统 TFPF 方法与局部 Radon-TFPF 方法对加噪的
实际地震剖面进行滤波的局部对比图

从图 6-15 中可以看出，被块状强噪声污染的区域，界面信息受到干扰而变得模糊，有些地方甚至被湮没；在传统 TFPF 处理后的剖面中，虽然大部分强随机噪声被去除掉了，但是仍有一些残留下来使得界面信息有截断的痕迹。局部 Radon-TFPF 方法处理后的剖面中，块状强噪声几乎都被去除掉了，界面信息较清晰连续。

通过对模拟地震记录、实际共炮点记录及实际地震剖面的处理，我们验证了局部 Radon-TFPF 方法对于含有不规则几何形状同相轴的地震数据能够进行很有效的滤波处理。较之于传统 TFPF 方法处理后的结果，局部 Radon-TFPF 方法能够使同相轴或界面信息清晰度更高、连续性更好。

第 7 章 方向导数迹变换原理 及其反变换推导

地震勘探中存在着随机和规则两大类干扰地震记录有效信息的噪声。在陆地地震勘探中，面波是一种主要的规则噪声，它的存在严重影响着地震记录的信噪比，为地震勘探的后续处理带来困难。因此，面波的压制是陆地地震勘探的重要一环。在常规压制面波的方法中，Radon 变换的压制效果较好。近年来发展起来的 Trace 变换（迹变换）是一种新的模式识别方法，在图像的识别中取得了较好的应用效果。本章基于 Radon 变换和 Trace 变换，提出一种新的压制面波的方法——方向导数迹变换。

第 1 节 迹变换与 Radon 变换

由于迹变换是一种类似于 Radon 变换的方法，为了更好、更系统地理解迹变换，我们将详细介绍 Radon 变换。同时，Radon 变换方法中有我们所构建方法的关键要素。

一、Radon 变换

Radon 变换在医学、图像处理、雷达成像以及地球物理等领域都有广泛的应用。Radon 变换及反变换是由 J. Radon 在 1917 年首次提出的。Radon 变换精确反演（反变换）的数学方法是美国物理学家 Cormack 确立的，Deans 论证了它的数学理论，Durrani 等研究了 Radon 变换的基本特性。

用 $f(x, y)$ 表示物体的二维空间分布，并假设它在二维平面的有限区域有定义。若 L 为平面上的任意直线，那么 $f(x, y)$ 沿所有可能的直线 L 的线积分为：

$$p = \int_L f(x, y)\,\mathrm{d}l \tag{7-1}$$

式(7-1)定义为 $f(x, y)$ 的 Radon 变换，式中 $\mathrm{d}l$ 为直线 L 的线元素增量。Radon 变换中直线及确定直线参数的关系，如图 7-1 所示。由图可知，直线 L 可以由两个参量确定：一个是 L 离开原点的距离 ρ，另一个是其法线的幅角 θ。由

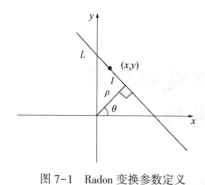

图 7-1中的几何关系，直线 L 可表示为：

$$\begin{cases} x = \rho\cos\theta - l\sin\theta \\ y = \rho\sin\theta + l\cos\theta \end{cases} \qquad (7\text{-}2)$$

因此，式(7-1)的线积分可以写成关于 ρ 和 θ 的函数形式：

$$p(\rho,\ \theta) = \int_{L} f(x,\ y)\,\mathrm{d}l$$

图 7-1　Radon 变换参数定义

$$= \int_{-\infty}^{+\infty} f(\rho\cos\theta - l\sin\theta,\ \rho\sin\theta + l\cos\theta)\,\mathrm{d}l$$

$$(7\text{-}3)$$

由式(7-2)可知：$\rho = x\cos\theta + y\sin\theta$，根据 δ 函数(Dirac Delta 函数)的选择性，上式可表示为：

$$p(\rho,\ \theta) = \int_{-\infty}^{+\infty}\int_{-\infty}^{+\infty} f(x,\ y)\delta[\rho - (x\cos\theta + y\sin\theta)]\,\mathrm{d}x\mathrm{d}y \qquad (7\text{-}4)$$

上式就是 Radon 变换的形式。

Radon 反变换就是如何由投影函数 $p(\rho,\ \theta)$ 反求原函数 $f(x,\ y)$，也称为投影重建。Radon 反变换的求法包括两大类，一类是变换法，另一类是迭代重建法。变换法有滤波反投影(FBP)和卷积反投影(CBP)。迭代重建法主要有代数重建法(ART)以及联合迭代重建法(SIRT)等方法。其中，滤波反投影法是最基本、最常用的 Radon 变换反演方法。

对式(7-4)计算关于 ρ 的一维傅里叶变换

$$\hat{p}(\omega,\ \theta) = \int_{-\infty}^{+\infty}\int_{-\infty}^{+\infty}\int_{-\infty}^{+\infty} f(x,\ y)\delta(\rho - (x\cos\theta + y\sin\theta))\mathrm{e}^{-i\omega\rho}\,\mathrm{d}x\mathrm{d}y\mathrm{d}\rho$$

$$= \int_{-\infty}^{+\infty}\int_{-\infty}^{+\infty} f(x,\ y)\Big[\int_{-\infty}^{+\infty}\delta(\rho - (x\cos\theta + y\sin\theta))\mathrm{e}^{-i\omega\rho}\,\mathrm{d}\rho\Big]\mathrm{d}x\mathrm{d}y$$

$$(7\text{-}5)$$

根据 δ 函数傅里叶变换的特性(详见后文"傅里叶变换及特性"小节)，可得：

$$\int_{-\infty}^{+\infty}\delta[\rho - (x\cos\theta + y\sin\theta)]\mathrm{e}^{-i\omega\rho}\,\mathrm{d}\rho = \mathrm{e}^{-i\omega\rho}$$

$$\rho = x\cos\theta + y\sin\theta$$

把以上两式代入式(7-5)可得：

$$\hat{p}(\omega,\ \theta) = \int_{-\infty}^{+\infty}\int_{-\infty}^{+\infty} f(x,\ y)\mathrm{e}^{-i\omega\rho}\,\mathrm{d}x\mathrm{d}y = \int_{-\infty}^{+\infty}\int_{-\infty}^{+\infty} f(x,\ y)\mathrm{e}^{-i\omega(x\cos\theta + y\sin\theta)}\,\mathrm{d}x\mathrm{d}y$$

$$(7\text{-}6)$$

令：

$$\begin{cases} \omega_1 = \omega\cos\theta \\ \omega_2 = \omega\sin\theta \end{cases} \qquad (7-7)$$

把式(7-7)代入式(7-6)可得：

$$\hat{p}(\omega, \theta) = \int_{-\infty}^{+\infty} \int_{-\infty}^{+\infty} f(x, y) e^{-i(\omega_1 x + \omega_2 y)} \mathrm{d}x\mathrm{d}y = F(\omega_1, \omega_2) \qquad (7-8)$$

若 θ 一定，上式可表达为

$$\hat{p}_\theta(\omega) = F(\omega_1, \omega_2)$$

上式表明二维函数 $f(x, y)$ 沿某一方向的投影的傅里叶变换 $\hat{p}_\theta(\omega)$ 等于函数 $f(x, y)$ 的傅里叶变换 $F(\omega_1, \omega_2)$。这就是著名的傅里叶重心切片定理，是断层成像的理论基础。

根据傅里叶切片定理，可得 Radon 变换的反演（反变换）公式为：

$$f(x, y) = \frac{1}{2\pi^2} \int_{-\infty}^{+\infty} \int_{-\infty}^{+\infty} \frac{\partial p(\rho, \theta)}{\partial \rho} \frac{1}{\rho - (x\cos\theta + y\sin\theta)} \mathrm{d}\rho\mathrm{d}\theta \qquad (7-9)$$

这就是经典的 Radon 变换的反演公式。然而式(7-9)计算复杂，其中包括求导、希尔伯特变换等运算。在实际应用中，常采用滤波反投影算法计算 Radon 反变换。其基本思想是对 $\hat{p}(\omega, \theta)$ 进行频率响应为 $|\omega|$ 的一维滤波，然后进行一维傅里叶反变换，并对其结果计算反投影，就可得到 Radon 变换的反变换，亦即得到原函数。整个过程可用如下数学表达式表达：

$$f(x, y) = BF^{-1}\left[HF(p(\rho, \theta)) \right] \qquad (7-10)$$

式中，B 为反投影算子；F 和 F^{-1} 分别为关于 ρ 的一维傅里叶变换和反变换；H 为滤波器的频域响应。对于频域响应 $|\omega|$ 的滤波器，侧重于高频域信号，也就是说它对高频的放大作用最大，频率越大放大越大，而实际得到的信号大多在高频端往往具有较低的信噪比，因此这一滤波器会引起噪声的放大，降低反演结果的精度。为此，提出很多改进的滤波方法，常见的有 Ram_ Lak 滤波器、Sheep_ Logan 滤波器、余弦滤波器、广义 Hamming 滤波器等。它们的频域响应及时域冲激响应分别为：

（1）Ram_ Lak 滤波器：

频域响应：$H_{RL}(\omega) = |\omega|\mathrm{rect}(\omega\tau)$

冲激响应：$h_{RL}(t) = W_0^2 \left[2\mathrm{sinc}(2W_0 t) - \mathrm{sinc}^2(W_0 t) \right]$，其中 $W_0 = 1/2\tau$

（2）Sheep_ Logan 滤波器：

频域响应：$H_{SL}(\omega) = |\omega|\mathrm{sinc}(\omega\tau)\mathrm{rect}(\omega\tau)$

冲激响应：$h_{SL}(t) = \dfrac{2(1+\sin(2\pi W_0 t))}{\pi^2(\tau^2 - 4t^2)}$

（3）低通余弦滤波器：

频域响应：$H_{\text{LC}}(\omega) = |\omega| \cos(\pi\omega\tau) \text{rect}(\omega\tau)$

冲激响应：$h_{\text{LC}}(t) = \dfrac{1}{2} \left[h_{\text{RL}}\left(t - \dfrac{\tau}{2}\right) + h_{\text{RL}}\left(t + \dfrac{\tau}{2}\right) \right]$

（4）Hamming 滤波器：

频域响应：$H_{\text{GH}}(\omega) = |\omega| [\alpha + (1-\alpha)\cos(2\pi\omega\tau) \text{rect}(\omega\tau)]$，$0 \leqslant \alpha \leqslant 1$

冲激响应：$h_{\text{GH}}(t) = \alpha h_{\text{RL}}(t) + \dfrac{1-\alpha}{2} [h_{\text{RL}}(t-\tau) + h_{\text{RL}}(t+\tau)]$，$0 \leqslant \alpha \leqslant 1$

一般而言，对小噪声，Sheep-Logan 滤波优于 Ram-Lak 滤波。当噪声较大时，Hamming 滤波较好，选择合适的 α 值，使它适用于不同的噪声强度。

二、迹变换

迹变换是 20 世纪末 21 世纪初提出的一种模式识别方法。在二维情况下，通过改变 Radon 变换定义在直线集上的泛函，就得到了迹变换。因此，迹变换是一种广义 Radon 变换。迹变换已经在模式识别方面有成功应用。迹变换就是在扫描穿过图像的所有直线上计算图像函数的某种泛函，选用不同的泛函将产生不同的迹变换。

定义一系列所有方向扫描穿过图像的直线，每条直线 L 由参数 ρ 和 θ 来确定，这与 Radon 变换的参数定义是相同的，如图 7-1 所示。迹变换以沿直线 L 的参数 l 计算泛函 T，通过 T 可对所有位于直线 L 上的函数值计算得到一个数，也就是说对每一对 (ρ, θ) 通过 T 计算一个关于图像函数值的数，把这些数画在 (ρ, θ) 的笛卡尔坐标系中就构成了图像的迹变换。用 Λ 表示所有直线构成的域（集合），在 T 的作用下，迹变换是一个定义在 Λ 中的函数 g。在图 7-1 所示的坐标系（记为 C_1 坐标系）中，直角坐标系中的函数可被认为是参数 l 的函数。如果 $L(C_1; \rho, \theta, l)$ 是在坐标系 C_1 中的一条直线，这时

$$g(F; C_1; \rho, \theta) = T[F(C_1; \rho, \theta, l)] \tag{7-11}$$

式中，$F(C_1; \rho, \theta, l)$ 为图像函数沿所选直线的值。在泛函 T 的作用下消去变量 l，结果是一个关于变量 ρ 和 θ 的函数 g，式（7-11）就是迹变换的数学表达。也就是说，函数的迹变换是一个关于每条直线的参数的二维函数，因此在这个平面上，一条直线由两个参数 ρ 和 θ 来确定。迹变换的一个最简单的例子就是 Hough 变换。

对迹变换的结果应用两个其他的泛函，能得到一个刻画原图特性的数，称其为三重特征。其他的两个泛函一个称为径向泛函（Diametrical Functional），用字母 P 表示；另一个称为圆周泛函（Circus Functional），用字母 Φ 表示。这时，这三

重特征 Π 可表示为：

$$\Pi(F, C_1) = \Phi\{P\{T[F(C_1; \rho, \theta, l)]\}\} \tag{7-12}$$

式中，P 泛函作用于迹变换后的每一列，或者说 P 泛函作用于迹变换后的变量 ρ，这样就可将迹变换转化为一个变量为 θ 的函数（在离散情况下是一串数）；然后 Φ 泛函作用于这个变量为 θ 的函数，就得到一个确定的数，这个数能刻画原函数的特性，就是所谓的三重特性。

泛函的选择取决于我们所需要的不变性类型。为了能正确地选取泛函，我们必须先理解一些存在泛函的类型和它们的相关特性。泛函的目的就是通过一个数刻画一个函数。它是一个作用在函数上的运算，记为 Ξ。设 $\xi(x)$ 是一个变量为 $x \in R$ 的函数。泛函 Ξ 作用于函数 $\xi(x)$ 可记为 $\Xi(\xi(x))$，其结果是一个数。在迹变换中，定义了 3 种泛函，分别为均匀泛函（homogeneous functional）、不变泛函（invariant functional）和敏感泛函（sensitive functional）。

均匀泛函是针对比例缩放而言的，它必须满足横坐标均匀特性 (i_1) 和纵坐标均匀特性 (i_2)：

$$\Xi[\xi(ax)] = a^{\kappa_\Xi}\Xi[\xi(x)], \quad a>0 \qquad (i_1)$$

$$\Xi[c\xi(x)] = c\lambda_\Xi\Xi[\xi(x)], \quad c>0 \qquad (i_2)$$

其中，κ_Ξ 和 λ_Ξ 称为泛函 Ξ 的均匀常数。

不变泛函是指平移不变性，也就是说泛函计算的值不随函数的平移而变换，例如函数的积分、中值、最大值等。如果泛函 Ξ 是不变泛函，那么它对任意容许的函数 ξ，满足：

$$\Xi[\xi(x+b)] = \Xi[\xi(x)], \quad b \in \boldsymbol{R} \qquad (I_1)$$

敏感泛函是指平移敏感性。如果泛函 Z 是敏感泛函，那么它对任意容许的函数 ζ，满足：

$$Z[\zeta(x+b)] = Z[\zeta(x)] - b, \quad b \in \boldsymbol{R} \qquad (S_1)$$

对于比例缩放的图像而言，敏感泛函具有下列特性：

$$Z[\zeta(ax)] = (1/a)Z[\zeta(x)], \quad a>0 \qquad (s_1)$$

由性质 (S_1) 和 (s_1) 可得：

$$Z[\zeta(ax+b)] = (1/a)Z[\zeta(x)] - b/a \qquad (S_1 s_1)$$

敏感泛函还具有下列特性：

$$Z[c\zeta(x)] = Z[\zeta(x)], \quad c>0 \qquad (s_2)$$

特性 (s_2) 和 (s_1) 表明，平移敏感泛函有均匀成分，并且它们对应于 $\kappa_Z = -1$ 和 $\lambda_Z = 0$。表 7-1 中给出了一些 T 泛函。

表 7-1 中的第一个公式就是沿直线的图像函数的积分，它就是我们所熟知的 Radon 变换。其他均为迹变换的可选泛函。

表 7-1　一些迹变换

迹变换	所选的泛函
1	$T[f(x)] = \int f(r)\,\mathrm{d}r$
2	$T[f(x)] = \left[\int |f(r)|^q \mathrm{d}r\right]^p$
3	$T[f(x)] = \int |f(r)|'\,\mathrm{d}r$
4	$T[f(x)] = \max[f(r)]$
5	$T[f(x)] = \max[f(r)] - \min[f(r)]$
6	$T[f(x)] = \int_{[0,\infty]} r f(r)\,\mathrm{d}r$ 其中，$r = x - c$，$c = \mathrm{median}_x\{x, f(x)\}$
7	$T[f(x)] = \int_{[0,\infty]} r^2 f(r)\,\mathrm{d}r$ 其中，$r = x - c$，$c = \mathrm{median}_x\{x, f(x)\}$
8	$T[f(x)] = \mathrm{median}_{r \geqslant 0}\{f(r), [f(r)]^{1/2}\}$ 其中，$r = x - c$，$c = \mathrm{median}_x\{x, f(x)\}$
9	$T[f(x)] = \mathrm{median}_{r \geqslant 0}\{r f(r), (f(r))^{1/2}\}$ 其中，$r = x - c$，$c = \mathrm{median}_x\{x, f(x)\}$
10	$T[f(x)] = \int_{[0,\infty]} \mathrm{e}^{ik\lg r} r^p f(r)\,\mathrm{d}r,\ (p = 0.5,\ k = 4)$ 其中，$r = x - c$，$c = \mathrm{median}_x\{x, [f(x)]^{1/2}\}$
11	$T[f(x)] = \int_{[0,\infty]} \mathrm{e}^{ik\lg r} r^p f(r)\,\mathrm{d}r,\ (p = 0,\ k = 3)$ 其中，$r = x - c$，$c = \mathrm{median}_x\{x, [f(x)]^{1/2}\}$
12	$T[f(x)] = \int_{[0,\infty]} \mathrm{e}^{ik\lg r} r^p f(r)\,\mathrm{d}r,\ (p = 1,\ k = 5)$ 其中，$r = x - c$，$c = \mathrm{median}_x\{x, [f(x)]^{1/2}\}$

　　下面给出一个例子，例子中迹变换采用的公式为式(7-6)~式(7-12)。在例子中分别计算了一条鱼的图像的 Radon 变换和 7 个迹变换，参数的具体设置见表 7-1。表 7-1 中的中值计算函数 median$\{x, w\}$ 表示序列 x 在 w 加权下的中值。图 7-3 是图 7-2 所示的同一条鱼的 Radon 变换及其迹变换形式。由图 7-3 可看

出，迹变换总体上类似于 Radon 变换，但又不同于 Radon 变换。同时，不同泛函作用的迹变换也不同，表明使用不同的泛函，可得到不同的迹变换，它们所刻画的图像的性质有所不同。

图 7-2　鱼的图像

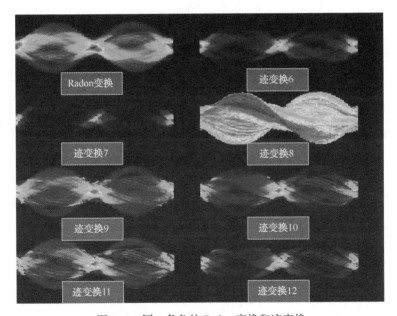

图 7-3　同一条鱼的 Radon 变换和迹变换

三、二者间的关系

通过以上分析可知：迹变换是一种广义 Radon 变换。以往我们所说的广义 Radon 变换是指不沿直线积分，而沿曲线（双曲线、抛物线）积分的 Radon 变换。这里所说的"广义"是指泛函的定义，而非曲线的类型。也就是说，迹变换仍然是沿直线进行计算的，但是在直线上可以选取不同的泛函(如积分、中值、最大值、最小值、频域积分等)。选用不同的泛函将得到不同的迹变换。

Radon 变换只是直线上的积分运算，即线积分。Radon 变换具有精确的反演公式，但是对迹变换而言，并非所有的迹变换都有精确的反演公式，有时候甚至不存在反演公式。因此，Radon 变换可用于图像的重建，而迹变换则不一定。这要看所选泛函的迹变换是否具有反演公式。由于迹变换的泛函选择较多，可根据不同需要选择不同的泛函。在径向泛函及圆周泛函的作用下，迹变换可得到大量的图像特征，这是 Radon 变换所不具有的。

总之，由于迹变换泛函选择的灵活性，它不仅在图像识别，也将在其他领域得到广泛应用。

第 2 节　方向导数迹变换

一、方向导数迹变换定义

通过对迹变换的分析研究，我们构造一个新的变换：

$$\int f(l)' \mathrm{d}l \tag{7-13}$$

式中，$f(l)'$ 为函数 f 沿迹线 L 法方向求导，即方向导数，因此称为方向导数迹变换。

在数学上，多变量可微函数沿某一方向的方向导数表示这一方向上函数的瞬时变化率，它是偏导数的一个推广。如果函数 f 可微，这时沿任一单位向量 $\vec{n}$ 的方向导数存在，且有：

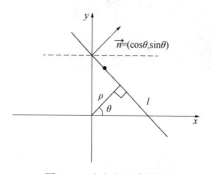

图 7-4　法方向及参数定义

$$\nabla_{\vec{n}} f = \nabla f \cdot \vec{n} \tag{7-14}$$

式中，$\nabla_{\vec{n}} f$ 为沿某一方向的方向导数；右边的 ∇ 代表梯度，$(\cdot)$ 表示欧几里得内积。

把式(7-14)代入式(7-13)可得：

$$\int_l \nabla f \cdot \vec{n}\, \mathrm{d}l \tag{7-15}$$

这就是方向导数迹变换的定义式。方向向量 $\vec{n}$ 和坐标关系，如图 7-4 所示。

从图中的几何关系可知：

$$\begin{pmatrix} x \\ y \end{pmatrix} = \begin{pmatrix} \cos\theta & -\sin\theta \\ \sin\theta & \cos\theta \end{pmatrix} \begin{pmatrix} \rho \\ l \end{pmatrix} \tag{7-16}$$

$$\rho = x\cos\theta + y\sin\theta \tag{7-17}$$

根据图 7-4 中方向矢量的定义，方向导数可表示为：

$$\nabla f \cdot \overrightarrow{n} = \frac{\partial f}{\partial x}\cos\theta + \frac{\partial f}{\partial y}\sin\theta$$

这时，方向导数迹变换可表示为：

$$g(\rho, \theta) = \int_l \nabla f \cdot \overrightarrow{n} \, \mathrm{d}l = \int_l \left(\frac{\partial f}{\partial x}\cos\theta + \frac{\partial f}{\partial y}\sin\theta \right) \mathrm{d}l$$

根据 δ 函数的选择性，上式可写成：

$$g(\rho, \theta) = \int_{-\infty}^{+\infty} \int_{-\infty}^{+\infty} \left(\frac{\partial f}{\partial x}\cos\theta + \frac{\partial f}{\partial y}\sin\theta \right) \delta\big[\rho - (x\cos\theta + y\sin\theta)\big] \mathrm{d}x\mathrm{d}y \tag{7-18}$$

很明显，式(7-18)由两部分组成，分别记为 $g_x(\rho, \theta)$ 和 $g_y(\rho, \theta)$，那么有

$$g_x(\rho, \theta) = \int_{-\infty}^{+\infty} \int_{-\infty}^{+\infty} \frac{\partial f}{\partial x}\cos\theta\delta\big[\rho - (x\cos\theta + y\sin\theta)\big] \mathrm{d}x\mathrm{d}y \tag{7-19a}$$

$$g_y(\rho, \theta) = \int_{-\infty}^{+\infty} \int_{-\infty}^{+\infty} \frac{\partial f}{\partial y}\sin\theta\delta\big[\rho - (x\cos\theta + y\sin\theta)\big] \mathrm{d}x\mathrm{d}y \tag{7-19b}$$

所以：

$$g(\rho, \theta) = g_x(\rho, \theta) + g_y(\rho, \theta) \tag{7-20}$$

式(7-20)表明，方向导数迹变换可表示成两部分的和。

二、端点效应的解释

对比图 7-1 和图 7-4，我们得到了相同的参数关系，即式(7-2)和式(7-17)。由此说明，Radon 变换和方向导数迹变换具有相同的坐标转换关系。这是由 Radon 变换和迹变换的关系确定的。因为 Radon 变换和迹变换都是沿直线进行计算，只是泛函的不同而已，因此它们势必满足一样的坐标转换关系。所以端点效应在 Radon 变换和迹变换中都存在，且存在的原理是一样的。

以式(7-17)为基础进行端点效应的分析。当 x、y 一定时，即为 x-y 域中的一个点时：

(1) 如果 $x = 0$，$y \in \mathrm{R}$，那么 $\rho = y\sin\theta$。

(2) 如果 $y = 0$，$x \in \mathrm{R}$，那么 $\rho = x\cos\theta$。

（3）如果 $x\neq 0$，$y\neq 0$，那么 $\rho=\sqrt{x^2+y^2}\sin(\theta+\varphi)$，式中的 φ 满足 $\sin(\varphi)$

$=\dfrac{x}{\sqrt{x^2+y^2}}$。

上式表明，直角坐标系中的一个点 (x,y) 在 $\rho-\theta$ 域是一条正弦（余弦）曲线；反之，$\rho-\theta$ 域中的一条正弦曲线对应于直角坐标系中的一个点。这种对应关系是一一对应的，也就是可逆的。

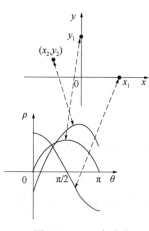

上述 3 种情况如示意图 7-5 所示。$x=0$ 时的 y_1 点，对应于 $\rho-\theta$ 域中的正弦曲线，在 $\theta\in(0,\pi]$ 时，其最大值为 y_1，最小值为 0；$y=0$ 时的 x_1 点，对应于 $\rho-\theta$ 域中的余弦曲线，在 $\theta\in(0,\pi]$ 时，其最大值为 x_1，最小值为 $-x_1$；x 和 y 都不等于 0 时的 (x_2,y_2) 点，对应于 $\rho-\theta$ 域中的带有初相的正（余）弦曲线，在 $\theta\in(0,\pi]$ 时，其最大值为 $\sqrt{x_2{}^2+y_2{}^2}$，最小值为 x_2。

如果 ρ，$\theta\in(0,\pi)$ 一定，那么式（7-17）可写为：

$$y=-\cot\theta x+\dfrac{\rho}{\sin\theta}=kx+b \qquad (7\text{-}21)$$

图 7-5　x-y 中点在 $\rho-\theta$ 域的形式

式中，$k=-\cot\theta$，$b=\dfrac{\rho}{\sin\theta}$。上式表明，$\rho-\theta$ 域中的一个点，对应于直角坐标系中的一条直线，而且这种对应关系式也是一一对应的。

图 7-6 是以上分析结果仿真。图 7-6（a）坐标原点取为图的重心，因此图中最下方图示表示直角坐标系中的一个点对应于 $\rho-\theta$ 域的一条直线，这是由于 $x=0$，$y=0$ 的缘故。在图 7-6（b）中铅垂线（对应于 $x=a$）对应于 $\rho-\theta$ 域的两个点，或者说 $\rho-\theta$ 域的两个点对应于一条直线，这与其他几种情况及以上理论分析结果不符。这是由于 $x=a=\rho\cos0=-\rho\cos\pi$，因此，$(\rho,0)$、$(-\rho,\pi)$ 对应于同一条直线 $x=a$；反之，直线 $x=a$ 对应于 $\rho-\theta$ 域的 $(\rho,0)$、$(-\rho,\pi)$ 两个点。

以上分析了直角坐标系下的点、线在 $\rho-\theta$ 域的对应关系，这种对应关系是一一对应的，Radon 变换、迹变换、方向导数迹变换都满足这种对应关系。但是从图 7-6（b）中可以看出，直角坐标系下的直线虽然大部分能量被集中于一点，但是有少部分能量没有被集中，而是分散在一个区域中。造成这种误差的原因有两方面，即离散化和端点。从理论上讲，直线是连续且没有端点的，但是数值实现时，由于离散化，造成了线不连续，且有端点的存在。这种误差是不可避免的，只能尽量减小。插值可以改善直线的连续性，但是由于端点造成的误差理论上是无法避免的，目前通过一些纯数学手段来解决，如最小二乘，阻尼最小二乘等。

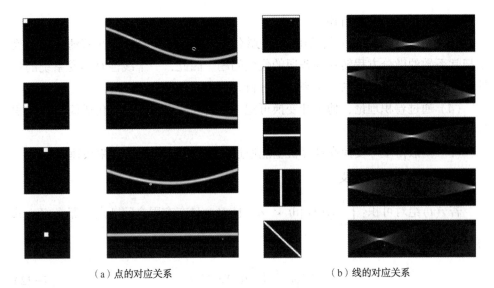

（a）点的对应关系　　　　　　　　　　　　（b）线的对应关系

图 7-6　坐标转换关系

上述讨论的 x-y 中直线在 ρ-θ 域不能完全集中的情况，文中统称为端点效应。端点效应处理的好坏直接影响着 Radon 变换、迹变换、方向导数迹变换的应用效果。

第 3 节　方向导数迹变换的反变换推导

通过前一节分析可知，直角坐标系与 ρ-θ 域有对应关系。对地震勘探波场分离而言，可以在 ρ-θ 域把直角坐标系（时空域）的直线与其他形状分开，这样就可进行波场的识别。如何由 ρ-θ 域返回到时空域并实现重建，就需要有相应的反演（反变换）公式，这样才能实现波场的真正分离。因此，为了实现波场的分离，就需要推导方向导数迹变换的反变换公式。

方向导数迹变换的推导过程中，会用到傅里叶变换和希尔伯特变换的一些性质。下面将首先介绍傅里叶变换和希尔伯特变换的定义及其特性，以及一些简单的推导。

一、傅里叶变换及特性

傅里叶变换是一种应用非常广泛的数学分析方法，它在物理学、偏微分方程、数论、信号处理、图像、统计学、数值分析、光学以及其他各领域都有广泛应用。傅里叶变换之所以有这么广泛的应用，是缘于它的许多重要特性，概述如下：

（1）傅里叶变换是一种线性运算，并且在一定规则化条件下是单一的。

（2）傅里叶变换是可逆的。

（3）傅里叶变换核（e 指数函数）是微分的本征函数，这就意味着傅里叶变换能把常系数的微分方程转化为普通的代数问题。因此，一个线性时不变系统的特性可以通过每一个独立的频率来进行分析。

（4）通过卷积理论，傅里叶变换可把一个复杂的卷积运算转化成简单的乘积运算。

（5）离散傅里叶变换在计算机上能通过快速傅里叶变换算法来快速实现。

1. 傅里叶变换的定义

若 $f(t)$ 绝对可积：$\int_{-\infty}^{+\theta} |f(t)| \mathrm{d}t < \infty$，且 $f(t)$ 具有有限个间断点，那么 $f(t)$ 的傅里叶变换可表示为：

$$F(\omega) = \int_{-\infty}^{+\infty} f(t) \mathrm{e}^{-i\omega t} \mathrm{d}t \qquad (7\text{-}22)$$

相应的傅里叶反变换为：

$$f(t) = \int_{-\infty}^{+\infty} F(\omega) \mathrm{e}^{i\omega t} \mathrm{d}\omega \qquad (7\text{-}23)$$

2. 傅里叶变换的性质

用 $F[\cdot]$ 表示一个傅里叶运算，即 $F[f(t)] = \int_{-\infty}^{+\infty} f(t) \mathrm{e}^{-i\omega t} \mathrm{d}t$。

（1）线性性质：设 $F_1(\omega) = F[f_1(t)]$，$F_2(\omega) = F[f_2(t)]$，α、β 为常数，那么：$F[\alpha f_1(t) + \beta f_2(t)] = \alpha F_1(\omega) + \beta F_2(\omega)$。

（2）相似性质：设 $F(\omega) = F[f(t)]$，那么 $f(at)$ 的傅里叶变换为：$F[f(at)] = |a|^{-1} F\left(\dfrac{\omega}{a}\right)$。

（3）位移性质：设 $F(\omega) = F[f(t)]$，那么 $f(t-\alpha)$ 的傅里叶变换为：$F[f(t-\alpha)] = \mathrm{e}^{-i\omega\alpha} F(\omega)$。

（4）调制性质：设 $F(\omega) = F[f(t)]$，那么 $f(t)\cos\alpha t$ 的傅里叶变换为：$F[f(t)\cos\alpha t] = \dfrac{1}{2} F\left(\omega + \dfrac{\alpha}{2\pi}\right) + \dfrac{1}{2} F\left(\omega - \dfrac{\alpha}{2\pi}\right)$。

（5）卷积定理：如果已知两个函数 $f(t)$ 和 $g(t)$，则积分 $\int_{-\infty}^{+\infty} f(\tau) g(t-\tau) \mathrm{d}\tau$ 称为函数 $f(t)$ 和 $g(t)$ 的卷积，记为 $f(t) * g(t)$，即：$f(t) * g(t) = \int_{-\infty}^{+\infty} f(\tau) g(t-\tau) \mathrm{d}\tau$。

设 $F(\omega) = F[f(t)]$，$G(\omega) = F[g(t)]$，那么：$F[f(t) * g(t)] = F(\omega) G(\omega)$。

也就是说，两个函数卷积的傅里叶变换等于它们各自傅里叶变换的乘积。

（6）瑞雷（RayLeigh）定理：设 $F(\omega)=F[f(t)]$，那么：$\int_{-\infty}^{+\infty}f(t)^2=\int_{-\infty}^{+\infty}|F(\omega)|^2\mathrm{d}\omega$。

（7）自相关定理：设 $F(\omega)=F[f(t)]$，那么 $f(t)$ 的自相关 $R_{ff}=\int_{-\infty}^{+\infty}f(\tau)f(t+\tau)\mathrm{d}t$ 的傅里叶变换为 $|F(\omega)|^2$，即：$F[R_{ff}(\tau)]=|F(\omega)|^2$。

自相关定理表明，信号自相关的傅里叶变换等于信号的功率。

（8）微分性质：设 $F(\omega)=F[f(t)]$，那么 $f(t)$ 导数的傅里叶变换为：$F[f'(t)]=i\omega F(\omega)$，$F[f^{(n)}(t)]=(i\omega)^n F(\omega)$。

（9）积分性质：设 $F(\omega)=F[f(t)]$，如果当 $t\to\infty$ 时，$\int_{-\infty}^{t}f(t)\mathrm{d}t\to 0$，则：

$$F\left[\int_{-\infty}^{t}f(t)\mathrm{d}t\right]=\frac{1}{i\omega}F(\omega)。$$

如果 $\lim\limits_{t\to\infty}\int_{-\infty}^{t}f(t)\mathrm{d}t\neq 0$，则：$F\left[\int_{-\infty}^{t}f(t)\mathrm{d}t\right]=\frac{1}{i\omega}F(\omega)+\pi F(0)\delta(\omega)$。

表7-2列出了一些常用的傅里叶变换对，在工程和信号处理领域经常会用到。

表 7-2　常用傅里叶变换对

函数	傅里叶变换	函数	傅里叶变换
1	$\delta(\omega)$	$\dfrac{1}{t}$	$-i\sqrt{\dfrac{\pi}{2}}\mathrm{sgn}(\omega)$
$\delta(\omega)$	1		
$e^{i\alpha t}$	$\sqrt{2\pi}\delta(\omega-\alpha)$	$\mathrm{sgn}(t)$	$\sqrt{\dfrac{2}{\pi}}\dfrac{1}{i\omega}$
$\cos(\alpha t)$	$\sqrt{2\pi}\dfrac{\delta(\omega-\alpha)+\delta(\omega+\alpha)}{2}$		
$\sin(\alpha t)$	$\sqrt{2\pi}\dfrac{\delta(\omega-\alpha)+\delta(\omega+\alpha)}{2i}$	$e^{-\alpha|t|}$	$\sqrt{\dfrac{2}{\pi}}\dfrac{\alpha}{\alpha^2+\omega^2}$
		$e^{-\alpha t^2}$	$\dfrac{1}{\sqrt{2\alpha}}e^{-\frac{\omega^2}{4\alpha}}$
$\cos(\alpha t^2)$	$\dfrac{1}{\sqrt{2\alpha}}\cos\left(\dfrac{\omega^2}{4\alpha}-\dfrac{\pi}{4}\right)$	$\mathrm{rect}(\alpha t)$	$\dfrac{1}{\sqrt{2\pi\alpha^2}}\mathrm{sinc}\left(\dfrac{\omega}{2\pi\alpha}\right)$
$\sin(\alpha t^2)$	$\dfrac{-1}{\sqrt{2\alpha}}\sin\left(\dfrac{\omega^2}{4\alpha}-\dfrac{\pi}{4}\right)$		
t^n	$i^n\sqrt{2\pi}\delta^{(n)}(\omega)$	$\mathrm{sinc}(\alpha t)$	$\dfrac{1}{\sqrt{2\pi\alpha^2}}\mathrm{rect}\left(\dfrac{\omega}{2\pi\alpha}\right)$

二、希尔伯特变换及特性

希尔伯特变换是数学和信号处理中的一种重要方法。在时域中，一个实函数

$f(t)$ 的希尔伯特变换是该函数与希尔伯特变换核 $\left(\dfrac{1}{\pi t}\right)$ 的卷积，可写为：

$$Hf(t) = \frac{1}{\pi} P \int_{-\infty}^{+\infty} \frac{f(\tau)}{t-\tau} \mathrm{d}\tau \qquad (7-24)$$

上式中由于间断点 $(t=\tau)$ 的存在，使得上式的积分无法计算。因此，取上式的柯西主值为积分值，式中的 P 表示柯西主值。而 $f(t)$ 可由 $Hf(t)$ 通过下式得到：

$$f(t) = -\frac{1}{\pi} P \int_{-\infty}^{+\infty} \frac{Hf(\tau)}{t-\tau} \mathrm{d}\tau \qquad (7-25)$$

式(7-24)和式(7-25)就构成了希尔伯特变换对。

希尔伯特变换的性质：

(1) 线性性：设 $f(t)$ 的希尔伯特变换为 $Hf(t)$，$g(t)$ 的希尔伯特变换为 $Hg(t)$，α，β 为任意常数，那么：$H[\alpha f(t)+\beta g(t)] = \alpha Hf(t)+\beta Hg(t)$。

(2) 奇、偶函数的希尔伯特变换：

如果 $f(t)$ 是个奇函数，即 $f(-t) = -f(t)$，那么 $f(t)$ 的希尔伯特变换为：$Hf(t) = \dfrac{2}{\pi} P \int_{0}^{+\infty} \dfrac{\tau f(\tau)}{t^2-\tau^2} \mathrm{d}\tau$。

如果 $f(t)$ 是个偶函数，即 $f(-t) = f(t)$，那么 $f(t)$ 的希尔伯特变换为：$Hf(t) = \dfrac{2t}{\pi} P \int_{0}^{+\infty} \dfrac{f(\tau)}{t^2-\tau^2} \mathrm{d}\tau$。

因此，奇函数的希尔伯特变换仍然是一个奇函数，偶函数的希尔伯特变换仍然是一个偶函数。希尔伯特变换的这一性质在各种应用中会经常用到。

(3) 希尔伯特变换的斜对称性：设 $f(t)$ 的希尔伯特变换为 $g(t)$，即 $Hf(t) = g(t)$，那么 $g(t)$ 的希尔伯特变换为：$Hg(t) = -f(t)$。

定义 $HHf(t) \equiv H^2f(t)$，其中 $HHf(t)$ 表示函数 $f(t)$ 希尔伯特变换后的希尔伯特变换。那么上式可表示为：$H^2f(t) = -f(t)$。

上式可推广为更一般的形式：$H^nf(t) = \begin{cases} (-1)^{\frac{n}{2}}f(t), & n \text{ 为偶数} \\ (-1)^{\frac{n-1}{2}}f(t), & n \text{ 为奇数} \end{cases}$。

(4) 比例特性：设 $f(t)$ 的希尔伯特变换为 $g(t)$，那么有：$\begin{cases} Hf(\alpha t) = g(\alpha t), & \alpha>0 \\ Hf(-\alpha t) = -g(-\alpha t), & \alpha>0 \end{cases}$。

其更一般的形式为：$Hf(\alpha t+\beta) = \mathrm{sgn}(\alpha)g(\alpha t+\beta)$，$b \in R$。

(5) 如果 $f(t)$ 的希尔伯特变换为 $g(t)$，那么 $tf(t)$ 的希尔伯特变换为：

$$H[tf(t)] = tg(t) - \frac{1}{\pi}\int_{-\infty}^{+\infty}f(t)\,\mathrm{d}t。$$

更一般的形式为：$H[t^n f(t)] = t^n g(t) - \frac{1}{\pi}\sum_{k=0}^{k=n-1}t^k\int_{-\infty}^{+\infty}x^{n-k-1}f(x)\,\mathrm{d}x。$

（6）导数的希尔伯特变换：如果 $f(t)$ 的希尔伯特变换为 $g(t)$，那么 $f(t)$ 导数 $\frac{\mathrm{d}f(t)}{\mathrm{d}t}$ 的希尔伯特变换为：$H\left[\frac{\mathrm{d}f(t)}{\mathrm{d}t}\right] = \frac{\mathrm{d}g(t)}{\mathrm{d}t} = \frac{\mathrm{d}Hf(t)}{\mathrm{d}t}。$

那么，n 阶导数的形式为：$H\left[\frac{\mathrm{d}^n f(t)}{\mathrm{d}t^n}\right] = \frac{\mathrm{d}^n g(t)}{\mathrm{d}t^n}。$

即导数的希尔伯特变换为希尔伯特变换的导数。

（7）卷积特性：如果 $f_1(t)$ 和 $f_2(t)$ 的希尔伯特变换都存在，那么它们卷积的希尔伯特变换为：$H[f_1(t)*f_2(t)] = Hf_1(t)*f_2(t) = f_1(t)*Hf_2(t)。$

（8）希尔伯特变换的傅里叶变换：设 $f(t)$ 的傅里叶变换为 $F(\omega)$，希尔伯特变换为 $g(t)$，那么：$F[g(t)] = F\left[f(t)*\frac{1}{\pi t}\right] = F(\omega)F\left[\frac{1}{\pi t}\right] = -i\mathrm{sgn}(\omega)F(\omega)。$

这里有一个常用的关系：$F\left[\frac{1}{\pi t}\right] = -i\mathrm{sgn}(\omega)。$

表 7-3 给出了一些常用的希尔伯特变换对。

表 7-3　希尔伯特变换对

函数	希尔伯特变换	函数	希尔伯特变换
a（常数）	0	t^{-n-1} （$n=0,1,2,\cdots$）	$\dfrac{(-1)^{n+1}\pi\delta^{n'}(t)}{n!}$ n' 表示第 n 阶导数
$\delta(t)$	$\dfrac{1}{\pi t}$		
$\delta'(t)$	$-\dfrac{1}{\pi t^2}$	e^{iat}	$-i\mathrm{sgn}(a)e^{iat}$
$\sin(\alpha t)$	$-\mathrm{sgn}(\alpha)\cos(\alpha t)$	$\mathrm{sinc}(t)$	$\dfrac{1-\cos(\pi t)}{\pi t}$

三、方向导数迹变换的反变换

通过上面的基础理论知识，本文推导方向导数迹变换的反变换。对式（7-19a）计算关于 ρ 的傅里叶变换：$F_{g_x}(\omega, \theta) = \int_{-\infty}^{+\infty}\int_{-\infty}^{+\infty}\int_{-\infty}^{+\infty}\frac{\partial f}{\partial x}\cos\theta\delta(\rho - (x\cos\theta + y\sin\theta))e^{-i\omega\rho}\,\mathrm{d}x\mathrm{d}y\mathrm{d}\rho。$

式中，$F_{g_x}(\omega, \theta)$ 为 $g_x(\rho, \theta)$ 关于 ρ 的一维傅里叶变换。根据傅里叶变换的位移

特性（详见前文"傅里叶变换及特性"小节），$\delta(t-t_0)$ 的傅里叶变换为：$\int_{-\infty}^{+\infty}\delta(t-t_0)\mathrm{e}^{-i\omega t}\mathrm{d}t = \mathrm{e}^{-i\omega t_0}$。

由此得：

$$F_{g_x}(\omega,\ \theta) = \int_{-\infty}^{+\infty}\int_{-\infty}^{+\infty}\frac{\partial f}{\partial x}\cos\theta\mathrm{d}x\mathrm{d}y\int_{-\infty}^{+\infty}\delta(\rho-(x\cos\theta+y\sin\theta))\mathrm{e}^{-i\omega\rho}\mathrm{d}\rho \tag{7-26}$$

$$= \int_{-\infty}^{+\infty}\int_{-\infty}^{+\infty}\frac{\partial f}{\partial x}\cos\theta\mathrm{e}^{-i\omega(x\cos\theta+y\sin\theta)}\mathrm{d}x\mathrm{d}y$$

把式（7-7）代入上式可得：$F_{g_x}(\omega,\ \theta) = \cos\theta\int_{-\infty}^{+\infty}\int_{-\infty}^{+\infty}\frac{\partial f}{\partial x}\mathrm{e}^{-i(\omega_1 x+\omega y)}\mathrm{d}x\mathrm{d}y$。

根据傅里叶变换的微分特性，上式可写为：

$$F_{g_x}(\omega,\ \theta) = i\omega_1\cos\theta F(\omega_1,\ \omega_2) \tag{7-27a}$$

式中，$F(\omega_1,\ \omega_2)$ 为 $f(x,\ y)$ 的二维傅里叶变换。同理可得：

$$F_{g_y}(\omega,\ \theta) = i\omega_2\sin\theta F(\omega_1,\ \omega_2) \tag{7-27b}$$

由式（7-7），可得：$\omega_1\cos\theta+\omega_2\sin\theta = \omega$。由式（7-27a）和式（7-27b）可得 $g(\rho,\ \theta)$ 关于 ρ 的一维傅里叶变换为：

$$F_g(\omega,\ \theta) = i\omega F(\omega_1,\ \omega_2) \tag{7-28}$$

如果 $g(\rho,\ \theta)$ 中没有直流分量，即 $\omega\neq 0$，那么上式可写为：

$$\frac{1}{i\omega}F_g(\omega,\ \theta) = F(\omega_1,\ \omega_2) \tag{7-29}$$

对式（7-29）两端，计算关于 ω_1 和 ω_2 的二维傅里叶变换，就可得到 $f(x,\ y)$ 的表达式：$f(x,\ y) = \int_{-\infty}^{+\infty}\int_{-\infty}^{+\infty}\frac{1}{i\omega}F_g(\omega,\ \theta)\mathrm{e}^{i(\omega_1 x+\omega_2 y)}\mathrm{d}\omega_1\mathrm{d}\omega_2$。

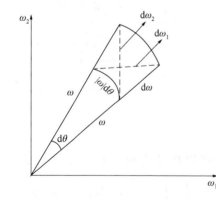

图 7-7 极坐标与直角坐标微分关系

根据式（7-17），由极坐标和直角坐标的关系（图 7-7）可得：$\mathrm{d}\omega_1\mathrm{d}\omega_2 = |\omega|\mathrm{d}\omega\mathrm{d}\theta$。

代入上式可得：

$$f(x,\ y) = \int_{-\infty}^{+\infty}\int_{-\infty}^{+\infty}\frac{1}{i\omega}F_g(\omega,\ \theta)\mathrm{e}^{i\omega\rho}\omega\mathrm{d}\omega\mathrm{d}\theta$$

$$= \int_{-\infty}^{+\infty}\left[\int_{-\infty}^{+\infty}-i\,\mathrm{sgn}(\omega)F_g(\omega,\ \theta)\mathrm{e}^{i\omega\rho}\mathrm{d}\omega\right]\mathrm{d}\theta \tag{7-30}$$

根据前文"希尔伯特变换及特性"小节关于希尔伯特变换的介绍，可知：$-i\,\mathrm{sgn}(\omega)$ 为 $\frac{1}{\pi\rho}$ 的傅里叶变换，同时 $F_g(\omega,\ \theta)$ 为 $g(\rho,\ \theta)$ 关于 ρ 的傅里叶变换。根据傅里叶变换的卷积定理，式(7-30)[ ]中的项可表示为：

$$\int_{-\infty}^{+\infty} - i\mathrm{sgn}(\omega)F_g(\omega,\ \theta)\mathrm{e}^{i\omega\rho}\mathrm{d}\omega = \frac{1}{2\pi}\left(\frac{1}{\pi\rho} * g(\rho,\ \theta)\right) \tag{7-31}$$

那么有：

$$f(x,\ y) = \int_{-\infty}^{+\infty} \frac{1}{\pi\rho} * g(\rho,\ \theta)\mathrm{d}\theta \tag{7-32}$$

$$= -\frac{1}{2\pi^2}\int_{0}^{2\pi}\int_{-\infty}^{+\infty}\frac{g(\tau,\ \theta)}{\tau - \rho}\mathrm{d}\tau\mathrm{d}\theta$$

把式(7-17)代入上式可得：

$$f(x,\ y) = = -\frac{1}{2\pi^2}\int_{0}^{2\pi}\int_{-\infty}^{+\infty}\frac{g(\tau,\ \theta)}{\tau - (x\cos\theta + y\sin\theta)}\mathrm{d}\tau\mathrm{d}\theta \tag{7-33}$$

将上式的积分变量 τ 改为 ρ，就可得到方向导数迹变换的反变换公式：

$$f(x,\ y) = = -\frac{1}{2\pi^2}\int_{0}^{2\pi}\int_{-\infty}^{+\infty}\frac{g(\rho,\ \theta)}{\rho - (x\cos\theta + y\sin\theta)}\mathrm{d}\rho\mathrm{d}\theta \tag{7-34}$$

上式就是方向导数迹变换的反变换公式，由此就可实现图像重建。在方向导数域中去掉不需要的成分，然后经上式反变换重建，就可实现滤波。

第4节　参数确定

在前文"端点效应的解释"小节，我们已经讨论了端点效应，它的存在将导致直线能量在变换域的不集中，这样采用它压制线性干扰时，将有部分的能量不能被压制，使得压制效果不理想。为了在方向导数域中能尽可能多地压制线性能量，我们构造一个公式，如下所示：

$$K(\rho,\ \theta) = \frac{\alpha|g_x(\rho,\ \theta)|}{|g_x(\rho,\ \theta)| + \sigma} \tag{7-35}$$

式中，σ 为一个约束因子，可取为常数，也可看作是 θ 的函数。文中以常数讨论，取 $\sigma = 1\times10^{-5}$。根据 α 和 $K(\rho,\ \theta)$，确定一个阈值 β，使其满足如下关系：

$$g_f(\rho,\ \theta) = \begin{cases} 0 & ,\ K(\rho,\ \theta) \geqslant \beta \\ g(\rho,\ \theta) & ,\ K(\rho,\ \theta) < \beta \end{cases} \tag{7-36}$$

如果 α、β 的值选取合适，那么经过式(7-34)，$g_f(\rho,\ \theta)$ 就尽可能只保留有效信息。

通过大量的模型实验确定 α、β 的值，实验步骤如下：

第1步：改变面波和有效波的振幅比。

第2步：对每一个记录进行方向导数迹变换面波压制，然后让 α、β 不断变换，得到 $g_f(\rho, \theta)$。

第 3 步：对第 2 步得到的 $g_f(\rho, \theta)$ 进行方向导数迹变换的反变换，重建面波压制后的记录。

第 4 步：通过面波压制前后的记录按下式计算信噪比：

$$SNR = 20 \lg \left(\frac{\sum |A|}{\sum |A-B|} \right) \qquad (7-37)$$

式中，A 为没有面波的记录；B 为面波压制后记录。

面波的压制效果由 SNR 确定，以此来确定 α、β 的值。大量实验表明：

$$\beta_\alpha \approx \alpha \beta_1 \qquad (7-38)$$

式中，β_α 为 α 取某一数值、SNR 取最大值时对应的 β 值；β_1 为当 $\alpha=1$、SNR 取最大值时对应的 β 值。以面波和有效波振幅比从 $1:1$ 到 $8:1$ 为例，说明上述关系的确定。α、β、SNR 的关系如图 7-8(a)~(h) 所示。从图中可以看出：如果振幅比固定，SNR 的最大值随着 α 的增大而增大；当 α 增大时，SNR 取最大值所对应的 β 值，近似满足式 (7-38)；如果 $\alpha=1$，SNR 最大值对应的 $\beta \approx 2.5$。

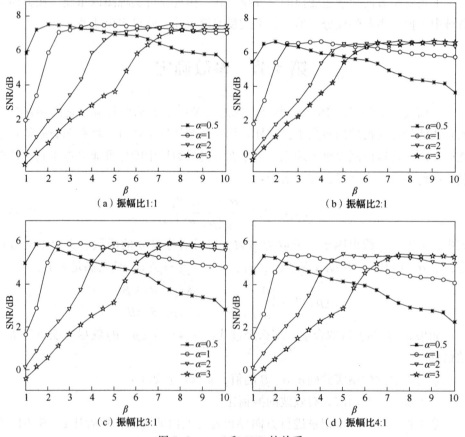

图 7-8　α、β 和 SNR 的关系

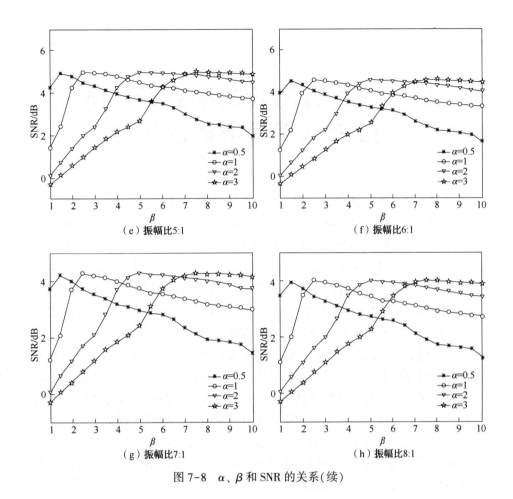

(e) 振幅比5:1   (f) 振幅比6:1

(g) 振幅比7:1   (h) 振幅比8:1

图 7-8 α、β 和 SNR 的关系(续)

　　通过以上分析，α 的值越大，β 可选择的范围越大，这就为选择参数提供了便利。因为如果 β 的选择范围较小，确定参数时就越困难。因此在实践中，我们应选取较大的 α，但是 α 的取值也不宜太大，要根据处理效果进行适当调整。一旦 α 的取值选定，我们就可根据式(7-38)确定 β 的取值。

　　在后续的理论模型处理及实际资料处理中，都取 $\alpha=3$、$\beta=9$ 进行处理。

第8章 方向导数迹变换方法
压制地震面波的应用

弹性波在到达弹性或速度、密度不同的介质分界面时，在产生反射、折射、透射波的同时会产生面波（surface wave）。面波主要包括两类：一类是质点振动轨迹为逆时针方向转动的椭圆，且振幅随深度呈指数规律衰减，传播速度小于横波速度，称为瑞雷（Rayleigh）波；另一类是质点的振动方向垂直于波的传播方向且平行于界面，称为Love波。除特别强调外，文中所提面波都指瑞雷波。

在陆地地震勘探中，面波是一种主要的相干噪声。它产生于近地表的低速带，是由瑞雷波的垂直分量组成的，具有低频、低速、强振幅以及频散特性。同时，由于近地表地层的侧向不均匀，导致面波具有强的反向散射。由于面波的频散特性，近偏移距的浅层反射和远偏移距的深层反射受到面波严重干扰。地震波在传播过程中，由于地层的吸收衰减作用使得地震信号的高频成分随传播距离的增加迅速衰减，导致地震信号的频率降低且能量减小。因此，到了中、深层，有效反射信号的频带与面波的频率重叠严重，加之面波能量衰减较缓慢，是有效波能量的几倍甚至几十倍，所以中、深层地震记录的信噪比很低，它直接影响着叠前速度分析、静校正等处理的精度。

第1节 瑞雷面波特性

这里关于瑞雷波特性的讨论，将不进行详细的波动方程推导，只是给出一些结论。用位移位表示波动方程，通过一定条件，可得到半空间均匀介质中瑞雷波的传播方程为：

$$\begin{cases} \varphi(x, z, t) = A\mathrm{e}^{-k\alpha_1 z}\mathrm{e}^{ik(x-Vt)} \\ \psi(x, z, t) = B\mathrm{e}^{-k\alpha_2 z}\mathrm{e}^{ik(x-Vt)} \end{cases} \tag{8-1}$$

式中，$\varphi(x, z, t)$ 为垂直位移位函数；$\psi(x, z, t)$ 为水平位移位函数；A、B 为常数；$k = \dfrac{2\pi}{\lambda}$ 为瑞雷波波数（λ 为瑞雷波波长）；$\alpha_1 = \left[1-\left(\dfrac{V}{V_\mathrm{p}}\right)^2\right]^{\frac{1}{2}}$，$\alpha_2 =$

$\left[1-\left(\dfrac{V}{V_s}\right)^2\right]^{\frac{1}{2}}$，$V_p$、$V_s$ 分别为纵波和横波速度，V 为瑞雷波相速度。式(8-1)表示以速度 V 沿 x 轴方向传播的简谐波波列，且波的振幅在自由界面($z=0$)处为最大，并随着深度的增加呈指数形式衰减，这表明波的能量只限制在一个表面薄层内，所以称为面波。而这种波的存在是由 Rayleigh 在 1887 年首先在理论上证明的，因此也称为瑞雷波。

由于质点振动的水平位移 u_x 和垂直位移 u_z 与位移位有如下关系：

$$\begin{cases} u_x = \dfrac{\partial \varphi}{\partial x} - \dfrac{\partial \psi}{\partial z} \\[2mm] u_z = \dfrac{\partial \varphi}{\partial z} + \dfrac{\partial \psi}{\partial x} \end{cases} \tag{8-2}$$

把式(8-1)代入式(8-2)，经过一系列推导并取实部得：

$$\begin{cases} u_x = Ak\left(e^{-k\alpha_1 z} + \dfrac{2\alpha_1\alpha_2}{1+\alpha_2^2}e^{-k\alpha_2 z}\right)\sin k(x-Vt) \\[3mm] u_z = Ak\left(\dfrac{2\alpha_1}{1+\alpha_2^2}e^{-k\alpha_2 z} - \alpha_1 e^{-k\alpha_1 z}\right)\cos k(x-Vt) \end{cases} \tag{8-3}$$

上式就是瑞雷面波的垂直分量和水平分量的位移，即振幅。常规地震勘探中接收到的就是瑞雷面波的垂直分量 u_z。在式(8-3)中，令：

$$D_1 = Ak\left(e^{-k\alpha_1 z} + \dfrac{2\alpha_1\alpha_2}{1+\alpha_2^2}e^{-k\alpha_2 z}\right)$$

$$D_2 = Ak\left(\dfrac{2\alpha_1}{1+\alpha_2^2}e^{-k\alpha_2 z} - \alpha_1 e^{-k\alpha_1 z}\right)$$

把 D_1，D_2 代入式(8-3)，化简可得：

$$\left(\dfrac{u_x}{D_1}\right)^2 + \left(\dfrac{u_z}{D_2}\right)^2 = 1 \tag{8-4}$$

由式(8-4)可知，瑞雷波的质点振动为椭圆。长轴为 D_2，短轴为 D_1。如图 8-1 所示。

关于瑞雷波的存在问题，在半空间均匀介质中，由瑞雷方程式(8-5)的讨论得出：在瑞雷波速度 $0<V<V_s$ 时，瑞雷方程至少有一个实数解。表明只要在自由界面上进行激振，则在自由界面上总会产生面波。

图 8-1 瑞雷波质点振动轨迹及其与传播方向的关系示意图

$$r^3 - 8r^2 + 8\dfrac{2-\sigma}{1-\sigma}r - \dfrac{8}{1-\sigma} = 0 \tag{8-5}$$

在瑞雷方程中，$r=\left(\dfrac{V}{V_\mathrm{s}}\right)^2$；$\sigma$ 为泊松比。通过解上式可得瑞雷波的速度表达式为：

$$V=\frac{0.87+1.12\sigma}{1+\sigma}V_\mathrm{s}$$

瑞雷方程中并不含有频率项，也就是在半空间均匀介质中，瑞雷波的传播速度与频率无关，因此不具有频散性。但是当半空间均匀介质上有盖层时，瑞雷方程如下：

$$\mu\,(1+\alpha_2^2)^2-\rho_0\alpha_1V\omega\,(1+\alpha_2^2)^2-4\mu\alpha_1\alpha_2+2\rho_0\alpha_1V\omega=0 \tag{8-6}$$

式中，μ 为拉梅常数；ρ_0 为覆盖层密度；α_1，α_2 如前定义；$\omega=2\pi f$，为角频率。式中包含 ω，说明瑞雷波速在这种情况下是频率的函数，即非均匀介质将导致瑞雷波的频散。在层状介质中，瑞雷波同样具有频散特性。关于瑞雷波频散的计算方法有相位差法、F-K 法、$\tau-p$ 法（倾斜叠加法）等方法。

以上对瑞雷面波特性的介绍是为了更好地认识、理解面波，从而能很好地识别地震记录中的面波，为方向导数迹变换面波压制的应用做铺垫。

第 2 节 正演模拟

在第 7 章中已经讨论了方向导数迹变换的理论及面波压制的参数选择。这一节将对理论模拟记录进行面波压制处理。为了对方向导数迹变换有详细、系统的理解，模型由简单到复杂进行研究。

简单模型中含有一条反射波同相轴和一条直线形的轴，直线形的轴表示面波。模型中反射波通过时距曲线方程模拟单边接收的共炮点记录。反射波在介质中的传播速度为 2200m/s，用雷克子波分别模拟反射波和面波，反射波主频为 35Hz，面波主频为 15Hz，采样间隔 2ms，道间距 10m，自激自收时间 500ms，模拟的记录如图 8-2(a) 所示。根据第 7 章第 4 节中给出的参数及公式，应用方向导数迹变换进行面波压制，面波压制后地震记录如图 8-2(b) 所示。图中可以看出代表面波的直线形轴几乎完全被压制。

为了详细了解面波压制效果，取面波压制前后记录中的一道进行波形以及归一化振幅谱对比，如图 8-3 所示。图 8-3(a) 表明，面波已基本成为一条直线，说明面波压制效果很理想，而有效波也基本与原波形重合，说明方向导数迹变换压制面波后对有效反射波的畸变较小，引入的噪声很小。在图 8-3(b) 中，面波压制前 15Hz 左右的能量较明显，这与给定的面波主频相吻合，面波压制后该部分能量得到很好压制，同时谱的主频右移到 35Hz 左右，这与理论给定的反射波主频一致。同时，面波压制后振幅谱与单一雷克子波的谱[见图2-1(b)]非常相似，更进一步表明方向导数迹变换方法压制面波引起的波形畸变很小，方法本身引入的噪声很小。

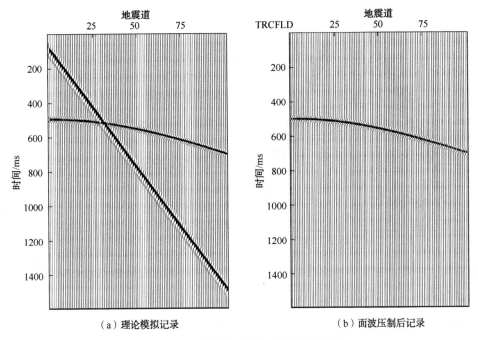

（a）理论模拟记录　　　　　　　　　　（b）面波压制后记录

图8-2　理论模拟记录及面波压制后记录

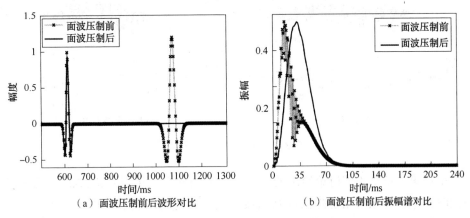

（a）面波压制前后波形对比　　　　　　　（b）面波压制前后振幅谱对比

图8-3　面波压制前后波形及振幅谱对比

　　通过上面的简单仿真，表明方向导数迹变换在面波压制方面有很好的效果，具有应用前景。下面我们将通过一个较复杂的模型详细讨论方向导数迹变换压制面波的效果。

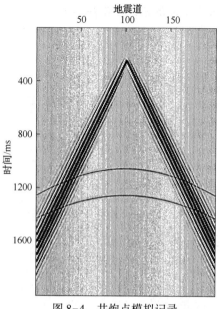

图 8-4　共炮点模拟记录

复杂模型中包含两个反射同相轴以及模拟近似频散特性的面波。反射同相轴采用雷克子波进行模拟，主频都是30Hz，面波采用阻尼余弦子波进行模拟，频率为15Hz。在不同的道采用不同的阻尼系数，偏移距越大，阻尼系数越大，采样间隔为2ms，道间距为10m，模拟中间放炮两边接收的200道共炮点记录，同时在共炮点记录中加入 0.001w 的随机噪声，如图8-4所示。

对图8-4所示的模拟记录进行方向导数迹变换（$\alpha=3$，$\beta=9$）。第7章已经分析得出，方向导数迹变换把地震记录变换为两部分 g_x 和 g_y 的和。图8-4所对应的 g_x 和 g_y 如图8-5所示。从图中可以很容易地看出，一部分主要体现面波信息，另一部分主要体现有效波信息（相对于前一部分而言）。这一特性为使用式(7-21)提供了很好的基础。

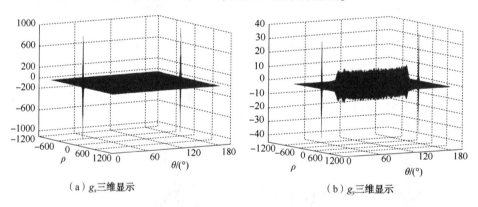

（a）g_x三维显示　　　　　　　　　　（b）g_y三维显示

图 8-5　g_x 和 g_y 三维显示

根据第7章第4节讨论给出的参数，在方向导数域中进行面波能量的压制，与同时在 Radon 域采用切除法压制面波后的结果进行对比，如图8-6所示。从图8-6中可明显看出两个域中有效波的能量在位置、强度上基本一样。图8-6(a)中能很明显地看到第7章中讨论的端点效应，表明文中对端点效应的讨论是合理的。图8-6(a)中用箭头标出的"端点效应产生的能量"的地方很明显能看出是一些正余弦曲线；而图8-6(b)中箭头标出的相应位置那样的正余弦曲线能量很小，几乎看不清楚，表明 Radon 切除法不能很好地克服端点效应，而方向导数迹变换参数法能很好地克服端点效应。对压制面波后所得结果分别进行 Radon 反变换和方向导数迹变换的反变换，得到压制面波后的地震记录，如图 8-7 所示。

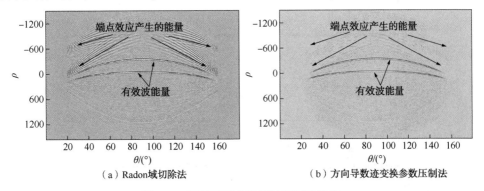

图 8-6　两种不同方法面波压制后效果

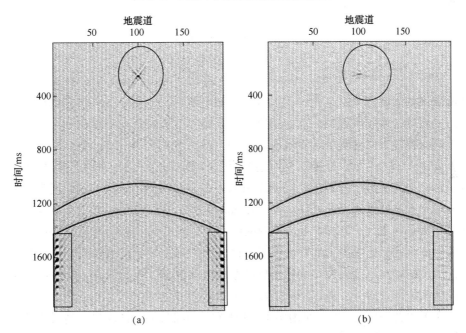

图 8-7　Radon 变换(a)和方向导数迹变换(b)压制面波后记录

　　从图 8-7 中可明显看出 Radon 变换在面波端点部分压制很不理想，还有能量很强的残留，而方向导数迹变换参数法压制效果比 Radon 变换要强很多，残留的面波能量已很弱(见图中方框标出的区域)。同时，图中用椭圆标出的上端点部分方向导数迹变换压制效果也是强于 Radon 变换的。由此表明，方向导数迹变换法能更好地克服端点效应，达到更好的面波压制效果。为了进一步分析二者压制面波的效果，取图8-7中左右两幅图中对应的第5道进行波形对比分析，如图8-8所示。

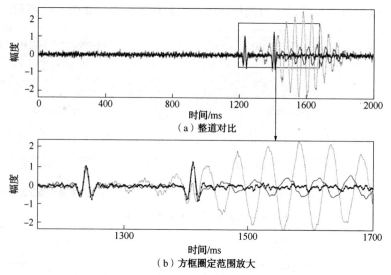

（a）整道对比

（b）方框圈定范围放大

图8-8 第5道波形对比

从图8-8中能非常明显地看到，Radon域切除法压制面波后，在端点地方仍保留很强的面波能量，这是由于Radon变换不能很好地克服端点效应造成的。而方向导数迹变换压制面波后，面波所在的区域，能量已基本不存在了，说明方向导数迹变换能很好地克服端点效应的影响。从放大的图8-8(b)中，这一点能看得更清楚，因为Radon变换压制后还有明显的面波波形存在，而方向导数迹变换压制后，面波波形已看不出，只剩原来加入的随机噪声。图8-8(b)表明，两种方法对有效波的处理情况基本相同，Radon变换在波形的幅度上稍有减弱。同时从图8-8中可看出，Radon变换压制面波后，剩余的面波波形与原波形在形状和相位上都不同。这是因为切除面波时，面波的大部分能量已被切除，包括端点部分，剩余能量在反变换后不能完全反映原面波的信息。换句话说，切除后剩余的面波是面波部分成分，所以不只是能量上的差异，也有相位上的差异。

为了更进一步、更全面地分析两种方法压制面波的效果，对原始记录、Radon变换压制面波后记录以及方向导数迹变换压制面波后记录，通过傅里叶变换分别求其所有道的振幅谱以及平均振幅谱，如图8-9所示。

在图8-9中，灰色的区域表示所有道的振幅谱放一起，粗的黑线表示所有道的平均振幅谱。从图8-9(a)中可看出，所有道的振幅谱和平均振幅谱在15Hz的地方能量（或者说幅度）明显较强，这是由面波的存在而造成的，且它与我们给出的面波主频一样。同时，各道的谱和平均谱在15Hz处的能量几乎相同。图8-9(b)为Radon变换压制面波后各道振幅谱及平均振幅谱，从图中可明确地看出，有些道的谱在 15Hz 处有较强能量，而有些能量较弱，同时平均谱在 15Hz 处也有较强的能量存在，但是没有个别道的谱能量强。也就是说，Radon 变换有些道面波压制好，有些道面波压制不好，这与上面的分析是一致的。而图 8-9(c)在 15Hz 处，不论是单道的谱还是平均谱能量都没有很高的值，使整个谱变得较为连续，说明方向导数迹变换面波压制效果很好。

通过以上分析，我们可得到如下认识：方向导数迹变换确定的面波压制参数是合理的；方向导数迹变换能更好地克服端点效应，达到更好的压制面波的效果。通过以上一个不加噪、一个加噪模型的讨论，表明方向导数迹变换也有一定的稳定性，即一些小的扰动不会对其结果产生很大的影响。

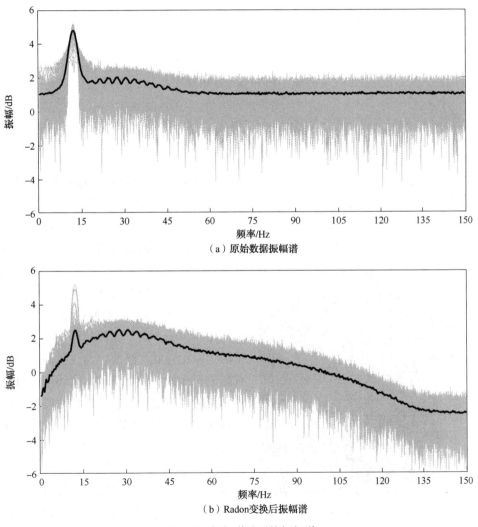

图 8-9 振幅谱及平均振幅谱

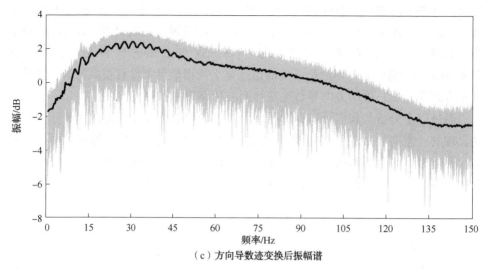

（c）方向导数迹变换后振幅谱

图 8-9　振幅谱及平均振幅谱（续）

第 3 节　实际资料处理

通过对以上模拟记录的处理，表明方向导数迹变换可以用于地震勘探记录中面波的压制。但是由于实际记录中的噪声更复杂，方向导数迹变换能否有好的处理效果，需要进一步验证。为了验证方向导数迹变换的实际效果，我们以大庆油田的一个共炮点记录进行验证。这一实际共炮点记录的接收参数为：中间放炮两边接收，总道数为 360，采样间隔为 4ms，最小偏移距为 100m，最大偏移距为 5470m，道间距为 30m。由于面波的存在，这一记录的信噪比较低。滤波以前，我们对原始数据进行几何扩散校正和噪声编辑处理。为了方便地震记录的显示，对地震数据进行自动增益控制处理（AGC），分析时窗长度为 500ms，如图 8-10 所示。

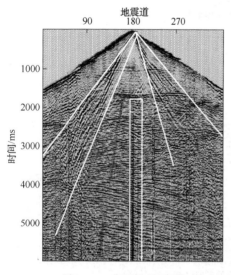

图 8-10　实际地震记录

图 8-10 中，两个白线圈定的三角形区域为面波区域，能很明显地看到自炮点向下的斜线，是直线形同相轴。同时偏离炮点位置越远，延续的时间越长，这体现

了面波的频散特性，因此形成了"扫帚状"的分布。方框中的噪声也是以直线形式存在的，它可能是工频干扰。从图中能够很清楚地看到近偏移距的浅层和远偏移距的深层受面波的干扰很严重。这将会严重影响记录的信噪比。而未受面波干扰的地方，能很清楚地看到反射同相轴的存在及其形态和位置。同时记录中还存在一些其他干扰。

对上面的实际地震记录用方向导数迹变换进行面波压制处理，其使用的参数与上面模拟记录的处理是一样的（$\alpha=3$，$\beta=9$）。其处理结果如图 8-11 所示。与图 8-10 对应的区域中的干扰都被压制了。图中能很清楚地看到三角形区域中的面波得到了很好的压制，使得掩盖在面波下的有效信息凸显，同时由于面波影响而不连续的同相轴，在面波压制后变得连续、清晰了，使我们能很清楚地追踪同相轴。由于方框区域中的干扰也是以直线形式存在的，所以经方向导数迹变换后被压制了，使得受它干扰的有效同相轴凸显，使同相轴变得连续。因此，通过方向导数迹变换压制面波后，

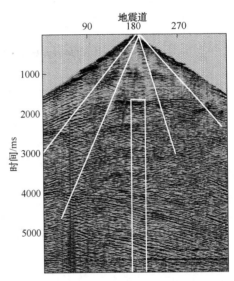

图 8-11　方向导数迹变换压制面波后记录

极大地提高了记录的信噪比。这将能使后续的静校正、速度分析以及动校正等处理的精度更高。

为了对面波压制后的波形有一个直观的了解，文中对记录中其中一道进行波形对比，并对它们对应的振幅谱进行分析，如图 8-12 所示。

图 8-12（a）中存在很明显的低频高振幅波形，而进行面波压制处理后[图 8-12（b）]这样的波形消失，即面波被压制了。从它们对应的振幅谱也能得到验证。图 8-12（c）是原始记录道数据的归一化振幅谱，图中可以看出存在明显的低频成分，且能量较强。而面波压制后的归一化振幅谱，图 8-12（d）低频能量得到很明显的压制，但是并没有把低频能量全部压制掉，说明只是把面波压制掉了，而这一频段的有效波没有被压制，它并不像 F-K 滤波一样把低频的部分都压制掉，包括有效信号。以上分析表明，方向导数迹变换能很好地压制面波，且能较好地保留低频有效信号。图 8-12 只给出了记录中某一道的情况，那么其整体情况如何？我们将通过原始记录的平均振幅谱和面波压制后的平均振幅谱来加以说明，如图 8-13 所示。

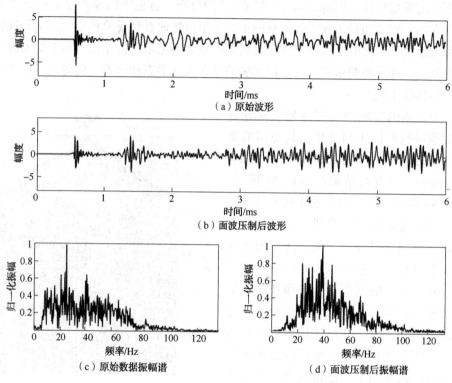

（a）原始波形

（b）面波压制后波形

（c）原始数据振幅谱

（d）面波压制后振幅谱

图 8-12　对记录中的某一道进行波形对比

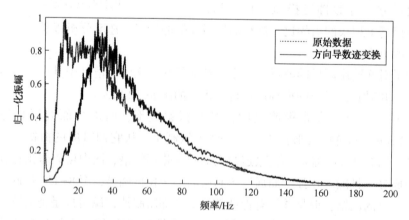

图 8-13　原始数据和面波压制后数据的归一化平均振幅谱

图 8-13 中虚线表示原始数据的归一化平均振幅谱，实线表示方向导数迹变换压制面波后的归一化平均振幅谱。图中原始数据的归一化振幅谱在 0～20Hz 有明显的面波能量，特别是在 10Hz 左右能量更强。这表明，这一记录的面波主频

在 10Hz 左右。同时，在 0Hz 的时候，原始数据具有较大的能量，说明原始数据带有直流成分。用方向导数迹变换压制面波后，低频成分得到了很好的压制，但是还没有完全压制，保留了有效信号的低频成分。同时，面波压制后，谱宽右移，谱主频增加到约 35Hz。这表明，面波压制后使地震记录的有效成分凸显，使得主频接近有效波主频。这也表明了方向导数迹变换能很好地压制面波，同时很好地保留有效信号。

以上分析是从面波的低频和强振幅特性来描述方向导数迹变换压制面波的效果。由于面波不但有低频、强振幅特性，它还有低速和频散特性。

对于低速性，我们可以用速度谱的分析来加以说明。所谓速度谱就是根据动校正量进行速度分析得到的能量谱。如果速度选取合适，那么动校正可以把同相轴校正成一条直线，这时各道波形都没有相位差，叠加后的能量最强；如果没有校正成直线，则各道的波形仍然存在相位差，叠加后的波形能量较弱。用这种方法得到的速度谱称为叠加速度谱。文中计算了实际记录面波压制前后的叠加速度谱，如图 8-14 所示。

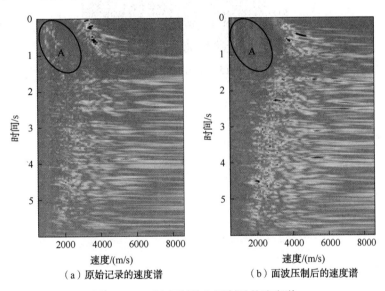

（a）原始记录的速度谱　　　　　　（b）面波压制后的速度谱

图 8-14　面波压制前和压制后的速度谱

图 8-14(a) 表示原始实际地震记录的速度谱，图 8-14(b) 表示经方向导数迹变换压制面波后的速度谱。图 8-14(a) 中的 A 区域有较明显的低速显示，速度大约在 1000m/s。而面波压制后的对应的 A 区域已没有了低速显示，低速的面波已经被压制。同时，图中显示部分直达波能量也被压制了。面波压制后由于信噪比的提高，使得速度谱中速度的显示更清晰。

最后，我们从差图上来验证方向导数迹变换压制面波的效果。图 8-15 就是原始记录减去压制面波记录得到的面波记录。从图中可以看出，在压制面波的同时压制了一些初至波。但是从图上基本看不到有明显的反射同相轴信息存在，都是一些直线形的轴。其中最主要的部分是在图 8-10 中标出区域里的面波。

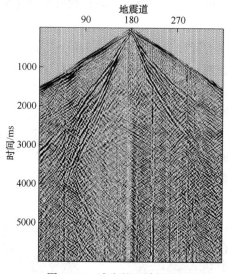

图 8-15 滤出的面波记录

参 考 文 献

[1] 何樵登. 地震勘探–原理和方法[M]. 北京：地质出版社，1980.

[2] 牟永光. 地震勘探资料数字处理方法[M]. 北京：石油工业出版社，1981.

[3] 杨宝俊. 勘探地震学导论[上册][M]. 长春：吉林科学技术出版社，1990.

[4] 陆基孟. 地震勘探原理[M]. 东营：中国石油大学出版社，1993.

[5] 熊翥. 地震数据数字处理应用技术[M]. 北京：石油工业出版社，1993.

[6] 李庆忠. 走向精确勘探的道路–高分辨率地震勘探系统工程剖析[M]. 北京：石油工业出版社，1994.

[7] 渥·伊尔马滋. 地震数据处理[M]. 黄绪德，译. 北京：石油工业出版社，1994.

[8] 董敏煜. 地震勘探[M]. 东营：中国石油大学出版社，2000.

[9] Hagen D C. The application of principal components analysis to seismic data sets[J]. Geoexploration, 1982, 20(1–2)：93–111.

[10] 俞寿朋, 蔡希玲, 苏永昌. 用地震信号多项式拟合提高叠加剖面信噪比[J]. 石油地球物理勘探，1988，23(2)：131–139.

[11] 田小平, 丁玉美. 利用多项式拟合模板法消除地震数据中的低频随机干扰[J]. 地球物理学报，1996，39(sup)：1245–1251.

[12] Liu G C, Chen X H, Li J Y, et al. Seismic noise attenuation using nonstationary polynomial fitting[J]. Applied Geophysics, 2011, 8(1)：18–26.

[13] Bednar J B. Applications of median filtering to deconvolution, pulse estimation, and statistical editing of seismic data[J]. Geophysics, 1983, 48(12)：1598–1610.

[14] Liu Y, Liu C and Wang D. A 1D time–varying median filter for seismic random, spike–like noise elimination[J]. Geophysics, 2009, 74(1)：V17–V24.

[15] Canales L L. Random noise reduction. 54th Annu. Int. Meeting, SEG, Expanded Abstracts, Dec. 2–6, 1984, pp：525–527.

[16] Ursin B, Zheng Y. Identification of seismic reflections using singular value decomposition [J]. Geophys. Prospect., 1985, 33(6)：773–799.

[17] Lu W. Adaptive noise attenuation of seismic images based on singular value decomposition and texture direction detection[J]. Journal of Geophysics and Engineering, 2006, 3(1)：28–34.

[18] Bekara M and van der Baan M. Local singular value decomposition for signal enhancement of seismic data[J]. Geophysics, 2007, 72(2)：V59–V65.

[19] Jones I F and Levy S. Signal–to–noise ratio enhancement in multichannel seismic data via the Karhunen–Loéve transform[J]. Geophys. Prospect., 1987, 35(1)：12–32.

[20] Al–Yahya K M. Application of the partial Karhunen–Loève transform to suppress random noise in seismic sections[J]. Geophys. Prospect., 1991, 39(1)：77–93.

[21] 彭才, 朱仕军, 孙建库, 等. 基于独立成分分析的地震数据去噪[J]. 勘探地球物理进展，2007，30(1)：30–32.

[22] 杨威. 基于独立分量分析的地震信号随机噪声盲分离方法应用研究[D]. 成都: 成都理工大学, 2009.

[23] 张银雪, 田学民. 基于改进 PSO-ICA 的地震信号去噪方法[J]. 石油地球物理勘探, 2012, 47(1): 56-62.

[24] Tian Y N, Li Y, Wang B, et al. A novel convolutiveICA for seismic data denoising. Lecture Notes in Electrical Engineering, 2012(5): 95-101.

[25] Chase M K. Random noise reduction by FXY prediction filtering[J]. Explor. Geophys. , 1992, 23(2): 51-56.

[26] Soubaras R. Signal - preserving random noise attenuation by the f - x projection. 64th Annu. Int. Meeting, SEG, Expanded Abstracts, Oct. 23-28, 1994, pp: 1576-1579.

[27] Abma R and ClaerboutJ. Lateral prediction for noise attenuation by t-x and f-x techniques [J]. Geophysics, 1995, 60(6): 1887-1896.

[28] Ozdemir A K, Ozbek A, Ferber R, et al. F-xy projection filtering using helical transformation. 69th Annu. Int. Meeting, SEG, Expanded Abstracts, Oct. 31 - Nov. 5, 1999, pp: 1231-1234.

[29] Sacchi M D and Kuehl H. ARMA formulation of FX prediction error filters and projection filters[J]. Journal of Seismic Exploration, 2001(9): 185-197.

[30] Trickett S. F - xy Cadzow noise suppression, 78th Annu. Int. Meeting, SEG, Expanded Abstracts, Nov. 9-14, 2008, pp: 2586-2590.

[31] Yuan S and Wang S. A local f-x Cadzow method for noise reduction of seismic data obtained in complex formations[J]. Pet. Sci. , 2011, 8(3): 269-277.

[32] Liu Y and Li B X. Streaming orthogonal prediction filter in the t-x domain for random noise attenuation[J]. Geophysics, 2018, 83(4): F41-F48.

[33] Ioup J W and Ioup G E. Noise removal and compression using a wavelet transform. 68th Annu. Int. Meeting, SEG, Expanded Abstracts, Sep. 13-18, 1998, pp: 1076-1079.

[34] Droujinine A. Theory and seismic applications of the eigenimage discrete wavelet transform [J]. Geophys. Prospect. , 2006, 54(4): 441-461.

[35] Ma J, Plonka G, and Chauris H. A new sparse representation of seismic data using adaptive easy-path wavelet transform[J]. IEEE Geosci. Remote Sens. Lett. , 2010, 7(3): 540-544.

[36] Wang D L, Tong Z F, Tang C, et al. An iterative curvelet thresholding algorithm for seismic random noise attenuation[J]. Applied Geophysics, 2010, 7(4): 315-324.

[37] Tang G and Ma J W. Application of Total variation based curvelet shrinkage for three dimensional seismic data denoising [J]. IEEE Geoscience and Remote Sensing Letters, 2011, 8(1): 103-107.

[38] 董烈乾, 李振春, 王德营, 等. 第二代 Curvelet 变换压制面波方法[J], 石油地球物理勘探, 2011, 46(6): 897-904.

[39] Liu Y, Fomel S, Liu C, et al. High-order seislet transform and its application of random noise

attenuation[J]. Chinese Journal of Geophysics-Chinese Edition, 2009, 52(8): 2142-2151.

[40] Fomel S and Liu Y. Seislet transform and seislet frame[J]. Geophysics, 2010, 75(3): V25-V38.

[41] Liu Y and Fomel S. OC - Seislet: Seislet transform construction with differential offset continuation[J]. Geophysics, 2010, 75(6): Wb235-Wb245.

[42] Ristau J P and Moon W M. Adaptive filtering of random noise in 2-D geophysical data[J]. Geophysics, 2001, 66(1): 342-349.

[43] Jeng Y, Li Y W, Chen C S, et al. Adaptive filtering of random noise in near-surface seismic and ground-penetrating radar data[J]. Journal of Applied Geophysics, 2009, 68(1): 36-46.

[44] 颜军. 改进的维纳滤波在地震资料处理中的应用[D]. 长春: 吉林大学, 2007.

[45] 李月, 马海涛, 林红波, 等. 基于核函数主分量的维纳滤波方法研究[J]. 地球物理学报, 2010, 53(5): 1226-1233.

[46] 聂鹏飞, 曾谦, 马海涛, 等. 消减地震勘探随机噪声: 导数算子约束下的维纳滤波[J]. 吉林大学学报(地球科学版), 2010, 40(7): 1471-1478.

[47] 郑桂娟, 王润秋. 数学形态学在地震资料处理中的应用探索[J]. 勘探地球物理进展, 2003, 26(4): 277-281.

[48] 王润秋, 郑桂娟, 付洪洲, 等. 地震资料处理中的形态滤波去噪方法[J]. 石油地球物理勘探, 2005, 40(3): 277-282.

[49] 陈辉, 郭科, 胡英. 数学形态学在地震信号处理中的应用研究[J]. 地球物理学进展, 2009, 24(6): 1995-2002.

[50] 段中钰, 王润秋. 多尺度形态学在地震资料处理中的应用研究[J]. 勘探地球物理进展, 2010, 33(2): 135-140.

[51] Baziw E. Real-time seismic signal enhancement utilizing a hybrid Rao-Blackwellized particle filter and hidden Markov model filter[J]. IEEE Geosci. Remote Sens. Lett., 2005, 2(4): 418-422.

[52] 乔美玉. 基于 EMD 的粒子滤波在地震勘探随机噪声压制中的应用[D]. 长春: 吉林大学, 2014.

[53] Han X, Lin H B, Li Y, et al. Adaptive Fission Particle Filter for Seismic Random Noise Attenuation[J]. IEEE Geoscience and Remote Sensing Letters, 2015, 12(9): 1918-1922.

[54] AlBinHassan N M, Luo Y and Al - Faraj M N. 3D edge - preserving smoothing and applications[J]. Geophysics, 2006, 71(4): 5-11.

[55] Anagaw A Y and Sacchi M D. Edge - preserving seismic imaging using the total variation method[J]. J. Geophys. Eng., 2012, 9(2): 138-146.

[56] Karsli H, Dondurur D and Çifçi G. Application of complex-trace analysis to seismic data for random-noise suppression and temporal resolution improvement[J]. Geophysics, 2006, 71(3): V79-V86.

[57] Elboth T, Geoteam F, Qaisrani H H, et al. De-noising seismic data in the time-frequency do-

main. SEG Annual Meeting, Nov. 9~14, 2008.

[58] Elboth T, Presterud I V and Hermansen D. Time-frequency seismic data de-noising[J]. Geophys. Prospect. , 2010, 58(3): 441-453.

[59] Cai H P, He Z H. and Huang D J. Seismic data denoising based on mixed time-frequency methods[J]. Appl. Geophys. , 2011, 8(4): 319-327.

[60] Han L, Bonar D and Sacchi M. Seismic denoising by time-frequency reassignment[J]. CSEG Annual Meeting Abstract, 2012.

[61] Bekara M and van der Baan M. Random and coherent noise attenuation by empirical mode decomposition[J]. Geophysics, 2009, 74(5): V89-V98.

[62] Ferahtia J, Baddari K, Djarfour N, et al. Incorporation of a non-linear image filtering technique for noise reduction in seismic data[J]. Pure Appl. Geophys. , 2010, 167(11): 1389-1404.

[63] Liu Y, Fomel S and Liu G. Nonlinear structure-enhancing filtering using plane-wave prediction[J]. Geophys. Prospect. , 2010, 58(3): 415-427.

[64] BaddariK, Ferahtia J, Aïfa T, et al. Seismic noise attenuation by means of an anisotropic nonlinear diffusion filter[J]. Comput. Geosci. , 2011, 37(4): 456-463.

[65] Yuan S, Wang S and Li G. Random noise reduction using Bayesian inversion[J]. J. Geophys. Eng. , 2012, 9(1): 60-68.

[66] Bonar D and Sacchi M. Denoising seismic data using the nonlocal means algorithm[J]. Geophysics, 2012, 77(1): A5-A8.

[67] 周星合, 乔琳. 地震勘探中的常见地震干扰波及压制方法[J]. 西部探矿工程, 2008 (11): 138-141.

[68] 王维红, 林春华, 张振. 保幅低频面波压制方法与应用[J]. 地球物理学进展, 2015, 30(3): 1190-1194.

[69] 廉桂辉, 张小路, 段天友. 频率-波数域面波衰减[J]. 内蒙古石油化工, 2007(2): 121-124.

[70] 张雅纯, 唐文榜. τ-p 变换压制线性干扰的应用[J]. 石油物探, 1994, 33(2): 102-106.

[71] 吴喜尊. τ-p 变换在煤田地震勘探资料处理中的应用[J]. 中国煤田地质, 1994, 6(2): 70-76.

[72] Deighan A J, Watts D R. Ground roll suppression using the wavelet transform[J]. Geophysics, 1997, 62(6): 1896-1903.

[73] Leite F E A, Montagne R, Corso G, et al. Optimal wavelet filter for suppression of coherent noise with an application to seismic data[J]. Physica A: Statistical Mechanics and Its Applications, 2008, 387(7): 1439-1445.

[74] 陈文超, 高静怀, 包乾宗. 基于连续小波变换的自适应面波压制方法[J]. 地球物理学报, 2009, 52(11): 2854-2861.

[75] 邹文. S 变换时频分析技术及其在地震勘探中的应用研究[D]. 武汉: 中国地质大

学，2005.

[76] 李刚. 基于 S 变换的地震信号相干噪声压制研究[D]. 成都：西南交通大学，2011.

[77] Tan Y Y, He C, Wang Y D, et al. Ground roll attenuation using a time-frequency dependent polarization filter based on the S transform[J]. Applied Geophysics, 2013, 10(3)：279-294.

[78] 刘朝. 基于 Shearlet 变换的面波压制[D]. 哈尔滨：哈尔滨工业大学，2013.

[79] 葛文. 基于 Shearlet 域自适应极化滤波的波场分离研究[D]. 北京：中国地质大学，2016.

[80] 马见青，李庆春. 面波压制的 T T 变换方法[J]. 吉林大学学报(地球科学版)，2011，41(2)：555-571.

[81] 王德营，李振春，董烈乾. Shearlet 域和 T T 域联合压制面波方法[J]. 石油地球物理勘探，2014，49(1)：53-60.

[82] Petrou M and Kadyrov A. Affine invariant features from the trace transform [J]. IEEE Transactions on Pattern Analysis and Machine Intelligence, 2004, 26(1)：30-44.

[83] Srisuk S, Petrou M, Kurutach W, et al. A face authentication system using the trace transform[J]. Pattern Analysis and Applications, 2005, 8(1)：50-61.

[84] Kadyrov A and Petrou M. Affine parameter estimation from the trace transform[J]. IEEE Transactions on Pattern Analysis and Machine Intelligence, 2006, 28(10)：1631-1645.

[85] Kutay A, Ozaktas H M, Ankan O, et al. Optimal filtering in fractional Fourier domains [J]. IEEE Transactions on Signal Processing, 1997, 45(5)：1129-1143.

[86] Kao T S. Wiener Filter as an Optimal MMSE Interpolator[J]. International Journal of Electrical, Computer, Energetic, Electronics and Communication Engineering, 2007, 1(6)：942-944.

[87] 吉洪诺夫 A. H. , 阿尔先宁 B. R. 不适定问题的解[M]. 王秉忱，译. 北京：地质出版社，1979.

[88] 张有为. 维纳与卡尔曼滤波理论导论[M]. 北京：人民教育出版社，1980.

[89] 老大中. 变分法基础[M]. 2 版. 北京：国防工业出版社，2007.

[90] Vaseghi S V. Advanced Digital Signal Processing and Noise Reduction(4rd)[M]. Wiley, 2008.

[91] 张贤达. 矩阵分析与应用[M]. 北京：清华大学出版社，2004.

[92] 杨文采. 地球物理反演和地震层析成像[M]. 北京：地质出版社，1989.

[93] 崔周培，戴冬原. 应用谱减法处理带噪语音信号的研究[J]. 仪表技术，2011(6)：46-49.

[94] 齐立萍，孙昊，杨鹏，等. 基于参数自适应的改进谱减法[J]. 科学技术与工程，2016，16(3)：192-196.

[95] Ienkaran Arasaratnam, Simon Haykin. Cubature Kalman Filters. IEEE Transactions on Automatic Control, 2009, 54(6)：1254-1269.

[96] 章旭景，李辉，陆伟. 基于子带卡尔曼滤波的语音增强方法[J]. 信号处理，2009，25(9)：1474-1478.

[97] Wu C G, Li B, Zheng J. A speech enhancement method based on Kalman filtering[J]. Interna-

tional Journal of Wireless and Microwave Technologies, 2011, 1(2): 55-61.

[98] Scalart P, Filho J. Speech enhancement based on a priori signal to noise estimation, Proc. IEEE Int. Conf. Acoust., Speech, Signal Processing, 1996, pp. 629-632.

[99] 田雅男, 李月, 林红波, 等. 基于频域正则维纳滤波的地震随机噪声压制[J]. 吉林大学 学报(工学版), 2015, 45(6): 2043-2048.

[100] 张青, 吴进. 基于多窗谱估计的改进维纳滤波语音增强[J]. 计算机应用与软件, 2017, 34(3): 67-70.

[101] Kalscheuer T and Pedersen L B. A non-linear truncated SVD variance and resolution analysis of two-dimensional magnetotelluric models [J]. Geophysical Journal International, 2007, 169(2): 435-447.

[102] Jbilou K, Reichel L, and Sadok H. Vector extrapolation enhanced TSVD for linear discrete ill-posed problems[J]. Numerical Algorithms, 2009, 51(1): 195-208.

[103] Eshagh M. Variance component estimation in linear ill-posed problems: Tsvd issue[J]. Acta Geodaetica et Geophysica Hungarica, 2010, 45(1): 184-194.

[104] Barriere P A, Idier J, Goussard Y, et al. Fast solutions of the 2D inverse scattering problem based on a TSVD approximation of the internal field for the forward[J]. IEEE Transactions on Antennas and Propagation, 2010, 58(12): 4015-4024.

[105] Bouhamidi A, Jbilou K, Reichel L, et al. An extrapolated TSVD method for linear discrete ill-posed problems with Kronecker structure[J]. Linear Algebra and Its Applications, 2011, 434(7): 1677-1688.

[106] Sima D M and Huffel S V. Level choice in truncated total least squares[J]. Computational Statistics & Data Analysis, 2007, 52(4): 1103-1118.

[107] Shou G F, Xia L, Jiang M F, et al. Truncated total least squares: A new regularization method for the solution of ECG inverse problems[J]. IEEE Transactions on Biomedical Engineering, 2008, 55(4): 1327-1335.

[108] Ciuciu P, Idier J, and Giovannelli J F. Regularized estimation of mixed spectra using a circular Gibbs-Markov model [J]. IEEE Transactions on Signal Processing, 2001, 49 (10): 2202-2213.

[109] Burger M, Scherzer O. Regularization methods for blind deconvolution and blind source separation problems[J]. Mathematics of Control Signals and Systems, 2001, 14(2): 358-383.

[110] 吴正国, 夏立, 尹为民. 现代信号处理技术[M]. 武汉: 武汉大学出版社, 2002.

[111] (美)多布. 小波十讲[M]. 李建平, 杨万年, 译. 北京: 国防工业出版社, 2004.

[112] 刘明才. 小波分析及其应用[M]. 北京: 清华大学出版社, 2005.

[113] 葛哲学, 陈仲生. Matlab 时频分析技术及其应用[M]. 北京: 人民邮电出版社, 2006.

[114] 张贤达, 保铮. 非平稳信号分析与处理[M]. 北京: 国防工业出版社, 1998.

[115] 张贤达. 现代信号处理[M]. 2 版. 北京: 清华大学出版社, 2002.

[116] 邹红星. 参数化时频信号表示研究[D]. 北京: 清华大学自动化系, 2002.

[117] 王根原，保铮. 一种基于自适应 Chirplet 分解的逆合成孔径雷达成像方法[J]. 电子学报，1999，27(3)：29-31.

[118] 邹红，保铮. 一种有效的基于 Chirplet 自适应信号分解算法[J]. 电子学报，2001，29(4)：515-517.

[119] Angrisani L and D'Arco M. A Measurement Method Based on a Modified Version of the Chirplet Transform for Instantaneous Frequency Estimation[J]. IEEE Transactions on Instrumentation and Measurement，2002，51(4)：704-711.

[120] 裴承鸣，舒畅，宋叔飚，等. 自适应 Chirplet 信号展开及其在颤振信号处理中的应用[J]. 西北工业大学学报，2004，22(5)：591-595.

[121] 尉宇，孙德宝，岑翼刚. 高斯线调频小波变换及参数优化[J]. 电子与信息学报，2005，27(9)：1398-1403.

[122] 王勇，姜义成. 基于自适应 Chirplet 分解的舰船目标 ISAR 成像[J]. 电子与信息学报，2006，28(6)：982-984.

[123] 王勇，姜义成. 一种新的信号分解算法及其在机动目标 ISAR 成像中的应用[J]. 电子学报，2007，35(3)：445-449.

[124] Zeng Z F, Wu F S, Huang L, et al. The adaptive chirplet transform and its application in GPR target detection[J]. Applied Geophysics，2009，6(2)：192-200.

[125] 方纯. 时频原子分解快速算法及其在雷达信号分析中的应用[D]. 成都：西南交通大学，2009.

[126] 邱剑锋. Chirplet 变换应用与推广[D]. 合肥：安徽大学，2006.

[127] 邹红星，戴琼海，李衍达. FM^{m}let 变换的子空间[J]. 中国科学(E 辑)，2001，31(5)：463-469.

[128] Bultan A, Akansu A N. Frames in rotated time-frequency planes. Proceedings of IEEE International Conference on Acoustics, Speech and Signal Processing(ICASSP), March 15–19, 1999. AZ：Phoenix，1353-1356.

[129] Hamar D, Tarcsai G, Lichtenberger J, et al. Fine Structure of Whistlers Using Digital Matched Filtering[J]. Ann Geophys，1982，119-128.

[130] Boushash B, Whitehouse H J. Seismic applications of the Wigner-Ville distributin. Proc. IEEE Int. Conf. Circuits Syst.，1986，34-37.

[131] Krishnamachari S, Williams W J. Adaptive kernel design in the generalized marginals domain for time-frequency analysis. Proc. IEEE ICASSP'94. 1994. Australia：Adelaide，341-344.

[132] Jones D L, Baraniuk R G. An adaptive optimal-kernel time-frequency representation[J]. IEEE Trans. Signal Processing，1995，43(10)：2361-2371.

[133] Fan W C, Zou H X, Sun Y, et al. Decomposition of Seismic Signal via Chirplet Transform. 6th International Conference on Signal Processing，2002. 1778-1782.

[134] 戴琼海，邹红星，李衍达. FM^{m}let 变换在信号分离中的应用[J]. 电子与信息学报，2002，24(2)：198-203.

[135] 范延芳，许朝阳，范万春，等．基于 FM'let 变换塔形分解的地震信号滤波[J]．核电子学与探测技术，2004，24(5)：526-529.

[136] Gribonval R. Fast Matching Pursuit with a Multiscale Dictionary of Gaussian Chirps[J]. IEEE Transactions on Signal Processing, 2001, 49(5)：994-1001.

[137] Scott Shaobing Chen, Donoho D L, Michael A Saunders. Atomic Decompositon by Basis Pursuit[J]. SIAM REVIEW, 2001, 43(1)：129-159.

[138] Yin Q Y, Qian S, and Feng A G. A Fast Refinement for Adaptive Gaussian Chirplet Decomposition[J]. IEEE Transactions on Signal Processing, 2002, 50(6)：1298-1306.

[139] Ghofrani S, McLernon D C, Ayatollahi A. Comparing Gaussian and chirplet dictinaries for time-frequency anslysis using matching pursuit decomposition[J]. Proceedings of the 3rd IEEE International Symposium on Signal Processing and Information Technology (ISSPIT), 2003, 713-716.

[140] 赵玉娟，水鹏朗，张凌霜．基于子空间匹配追踪的信号稀疏逼近[J]．信号处理，2006，22(4)：501-505.

[141] 赵天资，宋炜，王尚旭．基于匹配追踪算法的时频滤波去噪方法[J]．石油物探，2008，47(4)：367-371.

[142] Ghofrani S, McLernon D C, Ayatollahi A. Conditional spectral moments in matching pursuit based on the chirplet elementary function[J]. Digital Signal Processing, 2008(18)：694-708.

[143] Huang N E, Shen Z, Long S R, et al. The empirical mode decomposition and the Hilbert spectrum for nonlinear and non-stationary time series analysis, Laboratory for Hydrospheric Processes/Oceans and Ice Branch, NASA Goddard Space Flight Center, Greenbelt, MD 20771, USA, 1998.

[144] 盖强．局域波时频分析方法的理论研究与应用[D]．大连：大连理工大学，2001.

[145] 钟佑明．希尔伯特-黄变换局瞬信号分析理论的研究[D]．重庆：重庆大学，2002.

[146] Huang N E, Wu M L, Qu W D, et al. Applications of Hilbert-Huang transform to non-stationary financial time series analysis[J]. Applied Spochastic Models in Business and Industry, 2003, pp. 245-268.

[147] Huang N E. Introduction to the Hilbert-Huang Transform and Its Related Mathematical Problems. World Scientific Publishing Co. Pte. Ltd. USA, 2005.

[148] 戴桂平．基于 EMD 的时频分析方法研究[D]．秦皇岛：燕山大学，2005.

[149] KhaldiK, Boudraa A O, Bouchikhi A, et al. Speech Enhancement via EMD[J]. EURASIP Journal on Advances in Signal Processing, 2008.

[150] Kopsinis Y and McLaughlin S. Development of EMD-Based Denoising Methods Inspired by Wavelet Thresholding[J]. IEEE Transactions on Signal Processing, 2009, 57(4)：1351-1362.

[151] 羊初发．基于 EMD 的时频分析与滤波研究[D]．成都：电子科技大学，2009.

［152］ Wang Q, Jiang Q. Simulation of Matched Field Processing Localization Based on Empirical Mode Decomposition and Karhunen－Loève Expansion in Underwater Waveguide Environment［J］. EURASIP Journal on Advances in Signal Processing, 2010.

［153］ Zhang Y K, Ma X C, Hua D X, et al. An EMD－based Denoising Method for Lidar Signal. 2010 3rd International Congress on Image and Signal Processing（CISP2010）, 4016－4019.

［154］ 曲从善, 路廷镇, 谭营. 一种改进型经验模态分解及其在信号消噪中的应用［J］. 自动化学报, 2010, 36(1)：67-73.

［155］ Yang D C, Rehtanz C, Li Y, et al. A novel method for analyzing dominant oscillation mode based on improved EMD and signal energy algorithm［J］. SCIENCECHINA（Technological Sciences）, 2011, 54(9)：2493-2500.

［156］ 武安绪, 吴培稚, 兰从欣, 等. Hilbert-Huang 变换与地震信号的时频分析［J］. 中国地震, 2005, 21(2)：207-215.

［157］ 吴琛, 周瑞忠. Hilbert-Huang 变换在提取地震信号动力特性中的应用［J］. 地震工程与工程振动, 2006, 26(5)：41-46.

［158］ 李琳. HHT 时频分析方法的研究与应用［D］. 长春：吉林大学, 2006.

［159］ Battista B M, Knapp C, McGee T, et al. Application of the empirical mode decomposition and Hilbert-Huang transform to Seismic reflection data［J］. Geophysics, 2007, 72(2)：H29-H37.

［160］ 孙延奎. 小波分析及其应用［M］. 北京：机械工业出版社, 2005.

［161］ 张淑艳. 基于平移不变量的摩擦焊检测信号降噪方法［J］. 系统仿真学报, 2005, 17(11)：2721-2723.

［162］ 王玉英. 地震勘探信号降噪处理技术研究［D］. 大庆：大庆石油学院, 2006.

［163］ Sun H L, Zi Y Y, He Z J, et al. Translation-invariant multivavelet denoising using improved neibouring coefficients and its application on rolling bearing fault diagnosis［C］. 9th International Conference on Damage Assessment of Structures（DAMAS）, Jul. 11-13, 2011.

［164］ 陈勇, 贺明玲, 刘焕淋. 利用改进阈值的平移不变量小波处理 FBG 传感信号［J］. 光电子·激光, 2013, 24(2)：246-252.

［165］ Beucher S, Meyer F. Segmentation：The Watershed Transformation. Mathematical Morphology in Image Processing［J］. Optical Engineering, 1993, 34(5)：433-481.

［166］ Boashash B. and Mesbah M. Signal enhancement by time-frequency peak filtering［J］. IEEE Trans. Signal Process. , 2004, 52(4)：929-937.

［167］ Canales L L. Random noise reduction. 54th Annu. Int. Meeting, SEG, Expanded Abstracts, 1984, Dec. 2-6, 525-527.

［168］ Caponetti L, Castellano G, Basile M T, et al. Fuzzy mathematical morphology for biological image segmentation［J］. Applied Intelligence, 2014, 41(1)：117-127.

［169］ 陈永利, 段会龙. 数学形态学在心电信号处理中的应用［J］. 中国医疗器械杂志, 2006,

30(6)：434-503.

[170] De I, Chanda B, Chattopadhyay B. Enhancing effective depth-of-field by image fusion using mathematical morphology. Image & Vision Computing, 2006, 24(12)：1278-1287.

[171] Naess O E, Bruland L. Stacking methods other than simple summation [M]. In：Fitch, A. A. (Ed.), Developments in Geophysical Exploration Methods, 6. Elsevier Applied Science Publishers, London, pp. 189-223, 1985.

[172] Wang Y H. Antialiasing conditions in the delay-time Radon transform[J]. Geophysical Prospecting, 2002(50)：665-672.

[173] Liu Y X and Sacchi M D. De-multiple via a Fast Least Squares Hyperbolic Radon Transform. SEG Int'l Exposition and 72nd Annual Meeting, October 6-11, 2002.

[174] Nuzzo L. Coherent noise attenuation in GPR data by linear and parabolic Radon Transform techniques[J]. Annals of Geophysics, 2003, 46(3)：533-547.

[175] Cao Z H. Analysis and application of the Radon transform[D]. Department of Geology and Geophysics, Calgary, Alberta, 2006.

[176] 曾有良. Radon 变换波场分离技术研究[D]. 北京：中国石油大学, 2007.

[177] Yu J G, Sacchi M. Radon Transform Methods and Their Applicatiojns in Mapping Mantle Reflectivity Structure[J]. Surv Geophys, 2009(30)：327-354.

[178] 巩向博. 金属矿地震高精度成像与数据处理方法研究[D]. 长春：吉林大学, 2011.

[179] 王维红, 崔宝文. 双曲 Radon 变换法多次波衰减[J]. 新疆石油地质, 2007, 28(3)：363-365.

[180] 孔祥琦. 基于双曲 Radon 变换表面多次波衰减方法研究[D]. 黑龙江：东北石油大学, 2012.

[181] Sacchi M D and Ulrych T J. High-resolution velocity gathers and offset space reconstruction[J]. Geophysics, 1995, 60(4)：1169-1177.

[182] Hargreaves N, Cooper N, Whiting P. High-Resolution Radon Demultiple. ASEG 15th Geophysical Conference and Exhibition, August, 2001, Brisbane.

[183] 刘喜武, 刘洪, 李幼铭. 高分辨率 Radon 变换方法及其在地震信号处理中的应用[J]. 地球物理学进展, 2004, 19(1)：8-15.

[184] 熊登, 赵伟, 张剑锋. 混合域高分辨率抛物线 Radon 变换及在衰减多次波中的应用[J]. 地球物理学报, 2009, 52(4)：1068-1077.

[185] 刘保童, 朱光明. 一种频率域提高 Radon 变换分辨率的方法[J]. 西安科技大学学报, 2006, 26(1)：112-116.

[186] 袁修贵, 宋守根, 侯木舟. Ridgelet 变换在地震数据处理中的应用[J]. 物探化探计算技术, 2003, 25(2)：140-144.

[187] Zhang H L, Song S, and Liu T Y. The ridgelet transform with non-linear threshold for seismic noise attenuation in marine carbonates[J]. Applied Geophysics, 2007, 4(4)：271-275.

[188] 闫敬文, 屈小波. 超小波分析及应用[M]. 北京：国防工业出版社, 2008.

[189] Sacchi M D. Data Reconstruction by Generalized Deconvolution. SEG Int'l Exposition and 74th. Annual Meeting, Denver, Colorado, Oct. 10-15, 2004.

[190] Theune U, Sacchi M D, Schmitt D R. Least-squares local Radon transforms for dip-dependent GPR image decomposition[J]. J. Appl. Geophys., 2006, 59(3): 224-235.

[191] Sacchi M D, Kaplan S. and Theune U. Local Wave Fields Operators, Radon Transform and Sparsity. Signal analysis and imaging group, department of physics, university of Alberta. EAGE, Workshop Proceedings, 2007.

[192] Wang J, Ng M and Perz M. Seismic data interpolation by greedy local Radon transform [J]. Geophysics, 2010, 75(6): WB225-WB234.

[193] Cormack A M. Representation of a function by its line integrals, with some radiological applications II[J]. Journal of Applied Physics, 1964(35): 2908-2913.

[194] Deans S R. The Radon transform and some of its applications[M]. Wiley, 1983.

[195] Durrani T S and Bisset D. The Radon transform and its properties[M]. Geophysics, 1984, 49(5): 1180-1187.

[196] Zarpalas D, Daras P, Axenopoulos A, et al. 3D model search and retrieval using the spherical trace transform[J]. Eurasip Journal on Advances in Signal Processing, 2007, pp. 1271-1276

[197] Petrou M and Kadyrov A. Affine invariant features from the trace transform[J]. IEEE Transactions on Pattern Analysis and Machine Intelligence, 2004, 26(1): 30-44.

[198] Kadyrov A and Petrou M. Affine parameter estimation from the trace transform[J]. IEEE Transactions on Pattern Analysis and Machine Intelligence, 2006, 28(10): 1631-1645.

[199] Shin B S, Cha E Y, Kim K B, et al. Effective Feature Extraction by Trace Transform for Insect Footprint Recognition[J]. Journal of Computational and Theoretical Nanoscience, 2010, 7(5): 868-875.

[200] Srisuk S, Petrou M, Kurutach W, et al. A face authentication system using the trace transform[J]. Pattern Analysis and Applications, 2005, 8(1): 50-61.

[201] Fooprateepsiri R and Kurutach W. A fast and accurate face authentication method using hamming trace transform combination. IETE Technical Review, 2010, 27(2): 365-370.

[202] Nasrudin M F, Omar K, Liong C Y, et al. Jawi character recognition using the trace transform[J]. Sains Malaysiana, 2010, 39(2): 291-297.

[203] Kadyrov A and Petrou M. Object signatures invariant to affine distortions derived from the Trace transform[J]. Image and Vision Computing, 2003, 21(13): 1135-1143.

[204] Kadyrov A and Petrou M. The trace transform and its applications. IEEE Transactions on Pattern Analysis and Machine Intelligence, 2001, 23(5): 811-828.

[205] 聂鹏飞, 李月, 姚军. Trace 变换的基本理论及其在地震勘探中的应用[J]. 吉林大学学报(地球科学版), 2007, 37(sup): 53-56.

[206] Bracewell R N. The Fourier transform and its applications[M]. McGraw Hill, 2000.

[207] King F W. Hilbert transforms[M]. Cambridge University Press, 2009.

[208] Xia J H, Miller R D, and Park C B. Estimation of near-surface shear-wave velocity by inversion of Rayleigh waves[J]. Geophysics, 1999, 64(4): 691-700.

[209] Kim D S and Park H C. Determination of dispersive phase velocities for SASW method using harmonic wavelet transform[J]. Soil Dynamics and Earthquake Engineering, 2002, 22(5): 675-684.

[210] Zomorodian S M A and Hunaid O. Inversion of SASW dispersion curves based on maximum flexibility coefficients in the wave number domain[J]. Soil Dynamics and Earthquake Engineering, 2006, 26(4): 735-752.

[211] Foti S, Lancellotta R, Sambuelli L, et al. Notes on fk analysis of surface waves[J]. Annali Di Geofisica, 2000, 43(6): 1199-1209.

[212] Luo Y H, Xia J H, Miller R D, et al. Rayleigh-wave mode separation by high-resolution linear Radon transform[J]. Geophysical Journal International, 2009, 179(2): 254-264.